INTRODUCTION

A LA SCIENCE

DE LA STATISTIQUE.

INTRODUCTION

A LA SCIENCE

DE LA STATISTIQUE.

INTRODUCTION
A LA SCIENCE
DE LA STATISTIQUE;

SUIVIE

D'UN COUP-D'ŒIL GÉNÉRAL

SUR L'ÉTUDE ENTIÈRE DE LA POLITIQUE,

SUR SA MARCHE ET SES DIVISIONS,

D'après l'allemand de M. DE SCHLŒTZER,
Professeur à l'Université de Goettingue ;

AVEC

UN DISCOURS PRÉLIMINAIRE, DES ADDITIONS
ET DES REMARQUES,

Dédié à S. A. S. M.ᵍʳ CAMBACÉRÉS,
ARCHICHANCELIER DE L'EMPIRE.

PAR DENIS-FRANÇOIS DONNANT,

Secrétaire perpétuel de la Société académique des Sciences,
Membre de l'Athénée des arts, du Conseil d'administration de la
Société d'encouragement, de la Société de Statistique, &c. &c.

A PARIS,

DE L'IMPRIMERIE IMPÉRIALE.
An XIII = 1805.

INTRODUCTION

A LA SCIENCE

DE LA STATISTIQUE

A PARIS.

A S. A. S.

MONSEIGNEUR CAMBACÉRÉS,

ARCHICHANCELIER DE L'EMPIRE.

MONSEIGNEUR,

LE brillant succès avec lequel vous avez cultivé les sciences politiques et législatives, fait rechercher votre suffrage par tous ceux qui s'occupent des diverses connaissances relatives à l'ordre social. J'ai donc dû desirer faire paraître sous vos auspices l'Introduction à la science de la Statistique *que je publie dans ce moment-ci*. La protection que vous accordez à cet ouvrage, ne peut manquer de lui imprimer un caractère d'utilité et de solidité, et prédisposer les bons esprits en sa faveur. Aujourd'hui l'importance de la Statistique est tellement reconnue, que vouloir la contester, c'est plutôt montrer un esprit paradoxal qu'un jugement incertain et tardif. Quand une fois cette science sera généralement répandue comme elle doit l'être un jour, que de gens renonceront à prendre le titre d'instituteurs des souverains ! Ils seront effrayés de la foule de données qu'il faut posséder pour pouvoir traiter raisonnablement des matières politiques. Des lectures mal digérées de quelques publicistes, de la chaleur dans le style, des mouvemens oratoires, des phrases hardies et des raisonnemens vagues, ne suffiront plus pour se faire la réputation de politiques profonds. On exigera des connaissances exactes et positives. On rejettera ces principes trop généraux qui semblent convenir indistinctement à tous les États, à toutes les formes de Gouvernement, à tous les degrés de civilisation, et qui par cela seul ne sont applicables à aucun.

Ces sortes de principes ressemblent à ces feux électriques que l'on fixe long-temps, que l'on croit suivre, mais qui finissent par égarer, et quelquefois même font tomber dans des abîmes dont on a peine à se tirer.

Le vrai statisticien ne se contente pas, comme quelques personnes affectent de le croire, ou plutôt de le dire, de faire l'inventaire pur et simple d'une puissance; il doit y ajouter les réflexions qui ressortent de chaque sujet qu'il traite. C'est à lui qu'il appartient de démontrer les progrès de l'ordre social, de faire voir les avantages ou les inconvéniens de certaines formes de Gouvernement appliquées à tel pays où à *telle contrée, de faire sentir l'excellence ou les vices des différentes parties administratives, enfin d'indiquer les améliorations qui restent à faire pour le perfectionnement d'un corps politique.*

Les raisonnemens du statisticien ne peuvent jamais être dangereux ; s'ils sont faux, les faits sur lesquels il est obligé de les appuyer les détruiront d'eux-mêmes ; s'ils sont justes, leur importance s'évaluera facilement. Il est donc à desirer que cette nouvelle science soit plus connue et mieux appréciée qu'elle ne l'a été jusqu'à présent, et que son étude se répande dans les différentes ramifications de la société. C'est dans ces vues que je me suis occupé de faire connaître à mes compatriotes la théorie du célèbre M. de Schlœtzer, qui professe la Statistique à l'université de Goettingue depuis l'année 1772, et qui jouit d'une réputation aussi solide que bien méritée.

MONSEIGNEUR, agréez les senti-mens respectueux avec lesquels j'ai l'honneur d'être,

DE VOTRE ALTESSE SÉRÉNISSIME,

Le très-humble et très-obéissant serviteur,

D. F. DONNANT.

Paris, ce 17 floréal an 13.

DISCOURS
PRÉLIMINAIRE.

Si l'étude de la Statistique avait besoin d'être recommandée par l'assentiment d'un des plus grands écrivains du dernier siècle, j'emprunterais celui de l'illustre citoyen de Genève, et je prouverais par une foule de passages, tirés de ses œuvres politiques, combien il sentait la nécessité de créer une nouvelle science qui pût servir à guider les recherches des publicistes. Mais je me bornerai à rapporter ici son chapitre IX du quatrième livre du *Contrat social*, ayant pour titre : *Conclusion*. « Après avoir posé les

A

vrais principes du droit politique, et tâché de fonder l'État sur sa base, il resterait à l'appuyer par ses *relations externes;* ce qui comprendrait le droit des gens, le *commerce,* le droit de la guerre et les *conquêtes;* le droit public, les *ligues,* les *négociations,* les *traités,* &c. &c. Mais tout cela forme un nouvel objet trop vaste pour ma courte vue; j'aurais dû la fixer toujours plus près de moi. » Il est évident que la plupart des connaissances que cite là J. J. Rousseau, entrent comme parties intégrantes dans ce qui constitue aujourd'hui la Statistique analytique.

Je n'examinerai pas si l'on pouvait poser les vrais principes du droit politique, et fonder un État sur sa base, sans avoir préalablement déterminé la situation exacte et positive de l'État qu'on avait en vue de réformer. L'opinion publique est maintenant fixée sur ces sortes de principes généraux, qui n'étant point applicables à une nation prise individuellement, n'offrent à toutes que des idées vagues et incomplètes. Qu'on ne croie pas que je veuille m'ériger ici en censeur de l'homme célèbre que je viens de citer; personne plus que moi n'admire ses rares talens et sur-tout son éloquence inimitable; mais j'avoue que toutes les fois que je lis ses écrits sur la politique, je regrette qu'il soit venu cinquante ans trop tôt. Il a suivi l'impulsion de son siècle, et c'est dans la nature des choses. On peut comparer le génie des grands hommes à

un alambic; il ne fait que distiller les
pensées du vulgaire, et en présente
l'esprit épuré. Quelle que soit son
élévation, il ne saurait se soustraire à
tout ce qui l'entoure; ainsi imprégné
des idées communes et familières à
ses contemporains, il en offre à la pos-
térité l'analyse plus ou moins fidèle.
Les ouvrages des écrivains distingués
sont, pour quiconque sait en saisir
l'esprit, les miroirs des goûts et des
penchans, des vertus et des vices des
hommes de leur temps.

Dans un siècle aussi éclairé que le
dix-huitième, on devait sentir le
besoin d'examiner les conditions sur
lesquelles sont basées les sociétés politiques. Un homme doué d'un génie
extraordinaire, entraîné par goût et

par état vers les études sérieuses, philosophe à un âge où l'on ne connaît
guère que le plaisir, avait débuté par
faire une satire, fine et délicate des
travers, des préjugés, des ridicules et
des bizarreries des lois et des mœurs
de son temps. Cet ouvrage tracé avec
un pinceau tout-à-la-fois léger et
hardi, fit naître une foule de copies,
mais ne put jamais être imité. Quoi
qu'il en soit, les *Lettres persanes* et
les premiers écrits de Voltaire diri-
gèrent les esprits vers les recherches
sur l'origine des sociétés, les droits et
les devoirs des peuples. Les sociétés
savantes proposèrent des questions
sur ce sujet; et un grand nombre
d'auteurs entrèrent dans la lice. Mais
Montesquieu qui n'avait soulevé qu'un
coin du voile de son génie par son

premier ouvrage, voulut se préparer par des recherches exactes à devenir le législateur des nations. Il n'existait point alors de Statistique générale, et pour pouvoir connaître tous les faits qui caractérisent les États, il fallait aller les recueillir dans les pays mêmes. Il se décida à voyager ; il parcourut successivement l'Allemagne, la Hongrie, l'Italie, la Suisse, la Hollande, et résida quelque temps en Angleterre. A son retour il donna son livre sur la cause de la grandeur et de la décadence des Romains. Cette histoire politique de la naissance et de la chute de la nation romaine devint le catéchisme des hommes d'état et des philosophes. L'auteur, nourri par ses voyages et ses études des connaissances les plus solides et les plus

utiles , avait abandonné l'arme trop
commune de la plaisanterie , pour se
saisir des faits et des raisonnemens
qui entraînent toujours après eux les
esprits. Cet ouvrage , dont le style
mâle et rapide annonce un talent
parvenu à son plus haut degré de
perfection, et qui aurait suffi pour
la gloire de maints auteurs , ne servit,
en quelque façon , que de préface à
son *Esprit des Lois.* C'est dans ce
dernier que tout ce que l'érudition
choisie, la profondeur des pensées,
la justesse des observations, la déli-
catesse du tact, la majesté du style,
peuvent offrir de plus sublime, se
trouve réuni. Tel est l'effet de ces
productions du génie qui sortent de
la ligne ordinaire, qu'elles fixent l'attention générale sur le genre d'étude

dont elles ont traité. Aussi vit-on bientôt naître une foule d'écrits qui tous avaient pour but la meilleure organisation possible des corps politiques ; mais malheureusement ceux qui le suivirent dans la carrière, n'avaient pas acquis comme lui cette somme de connaissances exactes qui donnent un jugement sain et des idées vraies sur le bien et le mal. Ils n'étaient pas à portée comme lui de distinguer ce qui est abus réel de ce qui n'en a que l'apparence. Ils n'avaient ni l'expérience, ni les longues études, ni le coup-d'œil sûr, ni l'habitude de juger et de saisir les objets importans qui ne s'acquièrent que par de grands travaux, auxquels peu d'hommes sont en état de se livrer. L'auteur du code des nations réunissait aux avantages

d'un nom distingué, d'une place émi-
nente, d'une fortune honnête, un
excellent esprit, l'amour de la vérité,
un caractère ferme sans rudesse, un
grand usage du monde, un penchant
prononcé pour la vraie gloire.

Beaucoup de ses imitateurs rem-
placèrent ces qualités solides par le
goût du singulier et de l'originalité,
par un desir ardent de briller et de
se montrer supérieurs aux préjugés,
par un ton tranchant et frondeur, par
cette envie d'entraîner les suffrages,
et de se faire applaudir des personnes
qui semblent diriger l'estime publique, et qui se sont fait une espèce de
réputation à l'aide de la haine qu'ils
ont témoignée pour toute dépendance
et toute contrainte.

Il résulta de là que l'étude de la politique prit une fausse route, que les écrits sur cette matière ne furent le plus souvent que des diatribes et des déclamations continuelles, qu'au lieu d'examiner les moyens d'améliorations à faire dans l'ordre social, tel qu'il existait, on remonta à sa source prétendue ; on voulut juger la somme de bonheur dont devaient jouir les hommes avant de former des nations. On établit des hypothèses, on avança des paradoxes, on fonda des systèmes ; le plus souvent on remplaça le savoir par l'imagination, les faits par des raisonnemens ; et les couleurs brillantes de l'éloquence fixèrent l'attention et séduisirent les esprits.

Ce fut quelque temps après qu'on

chercha à nous persuader que les hommes, dans l'état primitif, n'étaient pas au-dessus des brutes ; que la supériorité de quelques-uns n'est due qu'à l'heureuse situation dans laquelle ils se sont trouvés, ou à un hasard favorable qui les a mis à portée de se perfectionner. On nous a fait remonter à des époques dont il ne reste aucune trace, pour nous convaincre que, dans ces premiers temps, les hommes ne vivaient pas en société, mais qu'ils erraient isolés comme les animaux, dénués d'idées et de raison, dirigés par le seul instinct puissant, et vivant pêle-mêle avec les bêtes des forêts. Pour établir cette théorie bizarre, on s'appuya des relations de certains voyageurs, et prenant ainsi des idées erronées pour des faits avérés, on donna quelque crédit à ces opinions extraordinaires. Partant de ces faux principes, chacun de ces auteurs fit l'histoire de la société humaine, suivant les vues qui dirigeaient sa plume. Les uns voulaient que chaque individu usât d'une liberté indéfinie, les autres soumettaient l'homme à la loi du plus fort; celui-ci prêchait une égalité absolue et chimérique, tandis que celui-là condamnait une partie du genre humain à servir l'autre; quelques-uns ne nous parlaient que des droits du peuple, sans faire mention de ses devoirs, et d'autres, au contraire, ne nous entretenaient que du pouvoir des chefs des États, sans faire connaître les conditions auxquelles il leur est accordé. De là est venu ce conflit d'opinions, de rai-

sonnemens et de systèmes extraordinaires qui se combattaient mutuellement, et se détruisaient les uns par les
autres. Un auteur estimable qui a
profité des erreurs de ceux qui l'ont
précédé, a dit avec raison : « Tout
homme a un droit inviolable à l'entière jouissance des fruits de son
travail et d'une honnête industrie. Le
créateur, en donnant à chaque individu une certaine portion de facultés
morales et physiques, a évidemment
eu l'intention qu'il les exerçât : les
hommes sont portés à cet exercice,
par les aiguillons de la peine et du
plaisir. La raison qui donne à l'homme
la faculté de prévoir l'avenir, de se
rappeler les besoins qu'il a éprouvés,
lui suggère aussi l'idée de la nécessité
d'y pourvoir lorsqu'ils renaîtront. Les

productions naturelles, qui servent à satisfaire les besoins de l'espèce humaine, appartiennent au premier occupant : en effet, si elles n'étaient la propriété de personne, elles seraient inutiles à tous, du moins celles qui ne seraient pas d'un usage présent; on les laisserait dépérir, et elles ne seraient aucunement cultivées; car il n'est aucun homme qui veuille sacrifier son temps et son travail à des choses qui ne peuvent lui être utiles. Les hommes éprouvent de l'affection et de la sollicitude pour leurs enfans et pour leurs proches; ils aiment à leur faire partager ce qu'ils ont de superflu durant leur vie; et à leur mort ils veulent qu'ils jouissent des propriétés qu'ils leur laissent. L'amour de la gloire, la soif des honneurs, les enflamment ; et, pour y parvenir, ils font tous leurs efforts, et déploient des talens utiles, agréables ou sublimes. D'ailleurs, cet échange qu'ils font du produit de leurs travaux, fournit à leurs besoins réciproques, les rapproche davantage les uns des autres, et cimente plus solidement les liens de la société, en établissant entre eux le commerce qui fait fleurir l'industrie et les arts, et fonde la prospérité générale. Ce sont ces différences, dans les conditions et les fortunes, qui offrent des occasions de développer et de pratiquer des vertus qui n'existeraient pas autrement. C'est ainsi que l'homme est à portée de déployer les facultés dont la nature l'a doué, tant pour son usage que pour le bien de la société, et qu'il peut satisfaire ses penchans naturels et sociaux ; et en effet, les mêmes moyens qui lui servent à contenter les premiers, le mettent en état de satisfaire aux derniers. Par l'exercice et la culture de toutes ses facultés, par les occasions qu'il rencontre de les perfectionner, *l'homme augmente son bonheur particulier dans la même proportion qu'il contribue au bonheur commun.* » De même que la perfection et la solidité de chaque partie d'un bâtiment, constituent la perfection et la solidité de l'ensemble ; ainsi, dans la société humaine, la prospérité de tous les membres, dans les différentes conditions et états, produit la somme de la prospérité générale.

C'est de ce point là qu'il aurait
fallu

fallu partir, pour déduire les grandes vérités qui constituent la saine politique. Mais on ne pouvait y parvenir qu'après avoir rassemblé une somme considérable de données, de faits et d'observations. On n'en sentait point encore la nécessité. Au lieu d'étudier les États modernes dans la situation où ils se trouvaient, dans leurs rapports les uns avec les autres, dans leur conformité avec l'ordre naturel des événemens, sous le point de vue de l'avancement des lumières, ce qui aurait exigé des travaux préparatoires fort longs, et des recherches très-étendues et souvent hors de la portée d'un grand nombre d'écrivains, on eut recours à l'histoire des siècles reculés et à l'imagination; on alla chercher chez les peuples de l'anti-

B

quité des modèles de Gouvernement;
on exalta les institutions des anciens
pour déprimer celles du siècle présent. Quelques auteurs affectèrent de
la prédilection pour l'austérité des
lois de Sparte; d'autres proposaient
Athènes et Rome pour exemples, sans
faire aucune attention à la différence
des temps, des circonstances, des
mœurs, des usages, des habitudes;
ne comptant pour rien dans leurs
hypothèses les divers degrés de population, de richesse, d'étendue; ne
faisant pas entrer dans leurs abstractions les progrès de l'industrie, du
commerce, de la navigation, de la
culture, des arts, &c. Un certain
nombre de ces ouvrages renferment
cependant des préceptes généraux
excellens; mais quand on va pour

en faire l'application à un État quelconque, on voit qu'ils ne peuvent
s'adapter à aucun. L'expérience a
confirmé cette vérité, et le temps la
consacrera.

Néanmoins il faut convenir que
ces sortes d'écrits ont eu leur utilité :
ils ont éveillé l'esprit public, ils ont
inspiré le desir de s'instruire en matières politiques, ils ont habitué à
s'occuper de choses sérieuses, et ils
ont déterminé les gouvernemens à
motiver leurs lois. On a commencé
par faire usage de beaucoup de plantes
avant d'étudier la botanique ; on a
commencé d'essayer de guérir, avant
d'étudier l'anatomie ; on a fait des
vers et de la prose, avant de poser des
règles et d'étudier la rhétorique. C'est

ainsi qu'on a écrit sur la politique, avant de connaître les ressorts et les rouages qui font mouvoir les États. Mais aujourd'hui il n'en sera pas de même, il faudra avoir long-temps approfondi tous ces objets avant de pouvoir s'ériger en publiciste. Les Gouvernemens les plus éclairés ont senti ces vérités importantes. Toutes les universités d'Allemagne ont des chaires consacrées à l'étude de la politique, où les professeurs enseignent la Statistique. Il y a en Russie, et dans toutes les cours du nord de l'Europe, une chancellerie d'État, où les jeunes gens font une étude réglée de toutes les parties de l'administration, sous l'inspection générale du chancelier, et sous la direction particulière des référendaires. Le landgrave de Hesse-Darmstadt rendit, en 1776, époque de son avénement, un édit par lequel il défendit de lui proposer de candidat pour aucun emploi de l'administration, qu'il n'eût au préalable subi un examen rigoureux sur toutes les parties que renferme aujourd'hui la Statistique. Son exemple a été suivi depuis par plusieurs autres princes. S. M. l'empereur des Français a créé des auditeurs qui sont attachés au conseil d'état, et qui se forment chacun dans les branches supérieures d'administration auxquelles ils sont destinés. Il s'est formé à Paris une société de Statistique, dont les travaux ont pour objet de fixer, de la manière la plus positive, les principes et les limites de cette science, qui, quoique nouvelle parmi nous, compte déjà des amis nombreux et zélés. Son but est encore de rendre plus générale et plus facile l'étude de la Statistique, d'ajouter de nouvelles connaissances à celles qu'on a déjà pu réunir sur l'état de l'agriculture en Europe, sur celui de l'industrie, du commerce, des arts, des manufactures, de la population, &c. &c. Elle se propose, à l'instar des universités d'Allemagne, d'ouvrir des cours sur les différentes branches de cette science. Si jusqu'à présent les travaux de cette société ont été suspendus, c'est qu'elle a eu le malheur de perdre un de ses principaux soutiens, M. Ballois, rédacteur des Annales de Statistique, jeune savant plein de zèle et de talens que la mort a moissonné à la fleur de l'âge. Mais plusieurs amis éclairés de la science se proposent de se réunir incessamment. Espérons qu'une institution aussi utile et aussi sage n'aura pas le sort trop commun aux bonnes choses de rester dans l'oubli.

On a senti par-tout le besoin de remplacer les raisonnemens abstraits par des connaissances positives. M. Beausobre, conseiller privé du roi de Prusse, et auteur distingué, dit, dans son Introduction générale à l'étude de la politique, des finances et du commerce (1) : « C'est d'abord dans l'étude de l'histoire que les politiques doivent s'instruire ; c'est là qu'ils trouvent des événemens heu-

_____

(1) *Voyez* l'édition de 1791.

reux et malheureux, les causes qui
les ont produits, les fautes qui ont
été faites, les remèdes utiles ou dangereux qui y ont été opposés, les
succès de quelques sages arrangemens;
c'est en appliquant le passé au présent
qu'ils apprennent à éviter le mal,
parce qu'ils découvrent la source d'où
il est parti. Mais non contens de cette
étude de l'histoire et de l'homme, il
leur faut encore connaître les mœurs
et le caractère du peuple qu'ils gou-
vernent, ou au gouvernement duquel
ils ont quelque part.

» Comme il importe de combiner
la théorie avec la pratique, et que
l'expérience de tous les jours prouve
qu'une simple théorie ne suffit pas
pour éviter une foule d'inconvéniens.

de même il convient de combiner l'étude de l'histoire *avec la connais-* *sance des circonstances actuelles.* C'est ainsi qu'en distinguant soigneusement les cas et les temps, on ne se persuade pas que les mêmes moyens soient pra- ticables dans tous les temps, et pour tous les peuples. C'est ainsi qu'en examinant ce qui dans les mesures les mieux prises, a trompé l'attente, et ce qui dans les maux le plus sen- sibles a produit quelque bien, on découvre que les meilleurs arrange- mens ont leurs inconvéniens, et que les arrangemens que de mauvais suc- cès ont décriés, peuvent avoir leur bon. »

Cette distinction de M. Beausobre est extrêmement juste, et prouve que l'auteur réunissait à des études approfondies de la politique, les connaissances pratiques. Rien n'est si facile que de blâmer tout ce qui se fait, mais rien de si difficile que d'indiquer les vrais moyens de mieux faire. Je compare la plupart des censeurs des gouvernans aux critiques littéraires. Souvent ceux-ci voient réellement les fautes des ouvrages, et les font bien connaître, sur-tout lorsqu'ils ne sont aveuglés par aucune passion particulière; et cependant à la place des auteurs qu'ils déchirent, ils auraient fait pis. Que de prétendus régulateurs de nations se trouveraient embarrassés, si on leur donnait les administrations les plus simples à diriger!

D'ailleurs, un autre obstacle encore

vient se présenter au publiciste, c'est que dans son cabinet il ne voit que la surface des affaires ; il ne peut pénétrer dans l'intérieur ; ses livres ne lui fournissent que des aperçus généraux ; il ne sait donc pas toutes les difficultés qu'il y a pour faire agir chaque ressort qui entre dans la composition d'un Gouvernement. Il juge donc seulement par les résultats et dans l'ensemble ; il crée un système complet, tandis que ni la nature, ni l'ordre des choses, ni la pratique des affaires, n'en ont jamais admis qui ne fût sujet à un grand nombre d'exceptions.

La Statistique en l'éclairant le rendra plus circonspect ; elle lui dévoilera toutes les ramifications de l'ordre

social; elle lui découvrira une foule
de rouages qui lui étaient inconnus
jusqu'alors; elle lui fera voir tous les
détails de la grande machine administrative, et lui en expliquera les mo-
teurs; enfin elle le convaincra qu'il
est plus facile de donner des leçons
aux rois que de bien connaître toutes
les difficultés de l'art de gouverner.

INTRODUCTION

À LA

SCIENCE DE LA STATISTIQUE.

CHAPITRE I.er

Origine et Nom de la science.

LA Statistique est une science entièrement
nouvelle, ainsi que le nom qu'on lui a
donné. Les matériaux qui la constituent
existaient bien épars, depuis qu'il y a des
gouvernemens, des histoires et des relations de voyages; mais celui qui a rassemblé, sous une forme scientifique, les
matériaux éparpillés, qui a réuni toutes
les parties hétérogènes, qui a donné à la
science une marche certaine, qui a présenté les données et les faits sous un point
de vue particulier, qui a classé tous ces

objets par ordre ; enfin celui qui a établi
un système suivi , de manière à donner à
cette science toute l'importance dont elle
est susceptible , et à en rendre l'étude indispensable aux hommes d'état , c'est mon
prédécesseur et mon maître , le célèbre
Achenwall , qui a fondé cette chaire en
1749 (1) , et à qui j'ai eu l'honneur de suc-
céder depuis 1772. Ceux qui l'ont précédé
étaient Herman Conring , Oldenburger ,

---

(1) Les personnes qui auront lu la Théorie élémentaire de la Statistique que j'ai publiée il y a quelques
mois , croiront peut-être me trouver en contradiction
avec M. Schlœzer ; parce que j'ai dit que ce fut vers
l'année 1743 que M. Achenwall établit une chaire
spéciale de Statistique; mais il n'y a ni contradiction
ni erreur. Voici le fait : M. Achenwall , professeur
d'histoire , conçut l'idée de faire connaître à ses auditeurs la situation d'alors des États de l'Europe ; il
composa des cahiers sur cet objet , et il les lisait à la
suite de ses leçons d'histoire. En 1749 , il les fit imprimer sous le titre de *Statistique* ; et depuis cette
époque , l'étude de cette science a fait partie inté-
grante de l'enseignement. Ainsi, quoique les premières
leçons de Statistique aient été données en 1743, elles ne
sont devenues officielles, pour ainsi dire , qu'en 1749.

Bose et Becmann, vers la fin du dix-
septième siècle, ainsi qu'Otto en 1726 à
Utrecht. Mais aucun de ces professeurs
n'avait encore établi de système complet.

Statistique est un mot formé de deux
langues *[vox hybrida]*. Il n'est, à proprement parler, ni latin, ni allemand, ni
français. Cependant ce n'est pas en Allemagne seulement que ce nom a été généralement adopté; les nations les plus po-
licées, telles que la France, l'Angleterre,
l'Italie, se sont empressées de le naturaliser
aussitôt qu'elles en ont reconnu l'utilité.
Dès l'année 1789 il était en usage dans
ces différentes langues.

Il a plu au père de la Statistique de
donner à son enfant un nom bizarre, quoiqu'il eût pu faire autrement. Aussi il est à
remarquer que d'abord il ne l'employa que
verbalement; ce n'est que lorsqu'il eut
reçu, pour ainsi dire, la sanction publique,
qu'il se décida à le faire imprimer à la tête
de ses manuels. La langue allemande et

celles qui en relèvent, sont peut-être les seules qui pourraient caractériser par un mot cette science, comme par exemple : *statskunde*, qui signifie *connaissance d'un État*, bien différent de ces mots, *statslere*, *statsrecht*, *statsgeschicte*, qui veulent dire *science des États, droit des États, histoire des États*. Les autres langues ne sauraient rendre la même idée aussi bien, et seraient même obligées d'employer une périphrase, telle que connaissance politique, *present state of*, qui signifie *état présent de*, &c. Mais si l'on me conteste l'emploi de ce mot à cause de sa dureté, ou de son origine extra-ordinaire, je demanderai d'abord qu'on me dise dans quel temps les mots *état* en français, *stato* en italien, *state* en anglais, *stat* en allemand, ont été employés dans ce nouveau sens par les peuples modernes ; car les langues anciennes n'ont point de nom propre pour exprimer l'idée que ces mots nous font entendre. *Respublica, civitas, regnum, imperium*, ne signifient autre chose

que

que l'espèce de Gouvernement. Et ensuite qu'on me fasse connaître depuis quand on nomme les États de l'empire, les États de provinces, *status*. Et nous autres Allemands ne nous servons-nous pas tous les jours, des mots *maanen*, *staat*, *naamen*, au lieu de *manen*, de *stat*, de *namen*, qui seraient beaucoup plus doux ?

ADDITION.

ACHENWALL a formé le mot *Statistique* du mot latin *status*, dont il a fait l'adjectif *statisticus*, et par une suite nécessaire *statistica*, qui s'occupe de situation. En sousentendant *scientia*, et en retranchant l'*a*, il est resté Statistique, c'est-à-dire, science de situation. C'est ainsi que de *rus* on a fait *rusticus*, et en français *rustique*; de *polis*, grec, *politicos*, politique, &c. Cette expression, quoiqu'un peu dure, est généralement adoptée, parce qu'elle rend une idée qu'on ne pourrait exprimer que par une circonlocution.

C

CHAPITRE II.

Valeur et utilité des Recherches statistiques.

Il est important de déterminer le genre
de travaux, l'espèce de connaissances et
la méthode qui constituent la science dont
nous traitons. La Statistique a pour but
de faire connaître tous les élémens qui
concourent à former une puissance. C'est
l'inventaire exact d'un État. Il est donc
évident qu'un Gouvernement éclairé, et
qui s'occupe de faire le bonheur du peuple
dont les intérêts lui sont confiés, ne saurait
atteindre le but qu'il se propose, s'il ne se
livre pas aux recherches les plus étendues
et les plus laborieuses sur la situation de
son pays et sur les moyens de l'améliorer.
Aussi depuis une trentaine d'années principalement, les souverains ont fixé leur

attention sur cette étude nouvelle, qui jusqu'à cette époque, n'était guère cultivée que par les savans. Ils ont chargé les gouverneurs des provinces, et ceux qui tiennent le premier rang dans les différentes divisions de leurs États, de recueillir tous les faits qui peuvent donner au Gouvernement des connaissances exactes et positives de la situation de leurs puissances. Ils leur ont recommandé sur-tout l'exactitude, la clarté et la précision, qualités si nécessaires dans ces sortes de travaux.

En effet, la Statistique n'emprunte rien de l'imagination, elle expose les faits avec simplicité, sans examiner les causes (1). Aujourd'hui il ne reste plus aucun doute sur l'utilité de cette science, et chercher à répondre à quelques hommes obscurs qui ont voulu en faire la critique, ce serait

_____

(1) On peut la comparer à un miroir qui doit représenter fidèlement tous les objets qui sont à sa portée.

perdre un temps qui peut être mieux employé. Nous allons établir un principe général pour répondre à cette question : quels sont les matériaux qui appartiennent essentiellement à la Statistique, et quels sont ceux qui n'en font pas partie ?

ADDITION.

Si le Gouvernement français n'est pas le premier qui ait évoqué cette étude pour en faire une science administrative, il est le seul qui ait senti toute l'importance de la Statistique, et qui ait ordonné des travaux réguliers et complets pour se procurer un inventaire exact de toutes ses riches possessions. Je retrouve dans une analyse lue à la société d'agriculture de Paris, le 14 germinal an 10, par M. François (de Neufchâteau), le passage suivant : c'est l'auteur qui parle : « Un de mes plus ardens desirs, lorsque j'étais au ministère, a été d'amasser tous les matériaux qui pouvaient préparer la Statistique de la France. J'avais,

dans cette vue, adopté différens moyens.
Le 27 fructidor an 6, j'avais dirigé vers ce
but les tournées que les commissaires du
Directoire exécutif devaient faire dans les
cantons de leur département. Dans l'an 7,
j'avais insisté sur les comptes que devaient
rendre les administrations centrales. Le mo-
dèle de ces comptes consistait sur-tout, en
tableaux que les départemens n'auraient eu
qu'à remplir, et dont l'ensemble aurait formé
une Statistique complète. J'avais ensuite
fait passer aux administrateurs un essai de
description de leurs départemens. Ils devaient me renvoyer ces essais, corrigés sur
les lieux. C'est ainsi que j'ai pu faire publier des notices sur les départemens des
Hautes-Alpes, des Landes, de la Mayenne,
de la Meurthe, du Morbihan, du Var et
des Vosges. J'avais en outre fait dresser,
sur une même échelle, les cartes uniques
en France, des routes, canaux et rivières,
pour les faire graver en tête de ces descriptions. Enfin, j'avais conçu l'idée de faire

composer l'annuaire de chaque département par les professeurs de son école cen-
trale. »

Je me plais à rendre justice aux efforts
que M. François (de Neufchâteau) a faits
pour répandre les connaissances statistiques, et pour en faire apprécier l'utilité.
M. Lucien Bonaparte, pendant son ministère, prépara tout ce qui était nécessaire
pour parvenir à avoir un état détaillé de la
France, et son successeur, M. Chaptal,
commença ce grand travail: voici quelques
passages de sa circulaire adressée aux préfets des départemens, qui prouveront le
soin, l'exactitude et la véracité qu'on exige
d'eux dans les tableaux qui leur sont demandés (1).

_____

(1) Ces morceaux sont extraits des Annales de Statistique; je ne les rapporte ici que pour répondre à
quelques étrangers qui prétendent que les Français sont
trop légers et trop superficiels pour pouvoir jamais faire
une bonne Statistique de leur pays. Il vaut mieux
opposer des faits à ces sortes de lieux communs, que
des raisonnemens.

« Vous avez vu par la suite de ma correspondance, depuis le 1.er prairial an 8,
C. Préfet, combien je desire recueillir tous
les faits qui peuvent donner au Gouvernement des connaissances exactes et positives
sur l'état de la France. Je n'ai cessé de vous
exhorter à seconder mes efforts, et j'ai la
satisfaction de voir que la plupart de vous
ont senti l'utilité des renseignemens que je
leur demandais, et se sont empressés de
me transmettre le résultat des recherches
auxquelles ils se sont livrés avec autant de
zèle que d'intelligence..... Pour donner
au travail que je desire l'uniformité et l'ensemble nécessaires, je pense qu'il faut former un corps complet de tous les renseignemens recueillis, et donner enfin à la
nation la connaissance exacte de ses richesses et de ses ressources......

» Mais je vous annonce que je mets une
telle importance à n'avoir que des faits vrais
et bien constatés, que je saurais bien moins
mauvais gré à celui qui ne répondrait pas,

qu'à celui qui me répondrait par des géné-
ralités, ou par des faits dont il ne serait
pas bien certain; le silence vaut mille fois
mieux que l'erreur. . . . . . . Assurément le
travail que je vous demande est grand, il
exige des soins, vous ne pouvez seul le
rendre complet. Il est beaucoup de connaissances que vous aurez besoin de recueillir par autrui: mais vous ne manquerez
pas sans doute de vous adresser aux hommes
les plus éclairés de vos départemens, &c.;
ainsi pour l'agriculture, vous consulterez
les propriétaires qui habitent les campagnes; pour les productions industrielles,
vous aurez recours aux négocians instruits;
vous vous ferez aider dans vos recherches
sur la population, par les médecins, les
physiciens; vous appellerez le concours des
sociétés d'agriculture et des sociétés savantes, &c. &c. »

On voit les précautions que ce ministre
éclairé a prises pour avoir une Statistique
bien faite de la France, et qu'il ne met de

prix qu'aux renseignemens exacts qu'on lui
fait passer (1).

---

(1) Il a déjà paru huit mémoires statistiques des départemens, exécutés suivant les cadres envoyés par le
ministre de l'intérieur, savoir: la Moselle, par M. Col-
chen; la Meurthe, par M. Marquis; la Lys, par M. Viry;
l'Indre, par M. Dalphonse; les Deux-Sèvres, par
M. Dupin; le Doubs, par M. Jean-de-Bry; Rhin-et-
Moselle, par M. Boucqueau; l'Eure, par M. Masson de
Saint-Amand, tous préfets de ces départemens.

CHAPITRE III.

Diverses Opinions sur les notions et l'origine de la Statistique.

IL y a beaucoup d'auteurs d'ouvrages statistiques, qui ne se sont seulement pas occupés de dire à leurs lecteurs ce qu'ils entendaient par ce mot. C'est un grand défaut : car il n'y a pas de plus sûr moyen de donner une idée juste d'une science, que de la définir. D'ailleurs, il est résulté de cette négligence de nombreux inconvéniens : les uns ont confondu la Statistique avec les connaissances qui avaient des rapports avec elle, telles que la géographie, l'histoire, l'arithmétique politique, la topographie, l'économie politique, le droit public, &c., &c. ; les autres ont cru pouvoir faire de ces sortes d'ouvrages de véritables encyclopédies, et ont voulu parler de tout ; enfin les personnes étrangères à cette nouvelle science, en ont pris une idée fausse.

Nous allons rapporter quelques-unes des définitions que divers auteurs ont données de la Statistique.

Achenwall la définit ainsi : « Un État se compose de tout ce qu'on trouve d'effectif dans une société politique et dans un pays. Mais le but que nous nous proposons, exige que nous nous renfermions dans des limites plus étroites. La principale utilité de notre science, c'est qu'elle apprend à connaître combien un empire est heureux ou malheureux, soit considéré isolément, soit par rapport aux autres États : ainsi on ne doit faire entrer dans ces sortes de descriptions que ce qui peut tendre à instruire de la marche d'un État, soit à son avantage, soit à son désavantage. Nous examinons les causes par les effets : la Statistique est donc la connaissance approfondie des choses remarquables et vraiment existantes d'un État. »

Sprengel la nomme la science historique qui dépeint, d'une manière complète et authentique, l'état actuel ou antérieur d'un peuple.

Meusel l'appelle la science ou la connaissance de la constitution politique des États.

Walch ne la définit pas.

Luder, dit *le statisticien*, dépeint la situation d'un État, tel qu'il est au moment présent, ou tel qu'il a été dans un temps donné.

Il est certain que la définition qu'Achenwall a donnée de la science, est la plus claire, la plus fixe et la plus féconde : elle établit des principes certains : elle embrasse la totalité des objets, et en même-temps elle éloigne tout ce qui s'écarte du but de cette étude. Il est donc surprenant que ceux qui lui ont succédé dans cette carrière, aient abandonné la route frayée par le père de la Statistique.

Sir John Sinclair la définit ainsi : *Recherches sur l'état général d'un pays.*

M. Playfair la nomme *Recherches sur les matières politiques des États.*

Je trouve qu'il y a beaucoup trop de vague dans ces deux définitions.

M. Ballois dit (1) : « La Statistique d'un État se compose essentiellement de tous les faits qui peuvent servir à la connaissance intime des avantages naturels et du système politique de cet État, non considérés par rapport à eux-mêmes, mais bien par rapport aux résultats qu'ils produisent : exempte de discussions sur les causes, elle établit seulement les effets ; dégagée de tout raisonnement, elle ne dispense ni le blâme, ni la louange ; elle expose sans réflexions les faits dont elle s'enrichit. C'est au lecteur à les comparer, à rapprocher leurs conséquences, et à chercher dans leur influence sur la prospérité publique, l'opinion qu'il doit s'en former.

» Ainsi, la Statistique développe dans

_____

(1) Auteur des Annales de Statistique.

leur ensemble et dans leurs plus petits détails, tous les élémens qui constituent la puissance ou la faiblesse des États : ainsi, toujours appuyée sur l'expérience, et jugeant de la bonté des principes d'après la bonté de leurs résultats, elle dévoile à-la-fois les erreurs (1) des Gouvernemens et le secret de la splendeur des peuples. »

Cette définition, quoique beaucoup trop longue, ne manque pas de clarté, et présente une idée exacte de la science.

Nous ne donnerons pas ici la nomenclature de tous les auteurs allemands de manuels statistiques, parce que Meusel les a tous fait connaître, ainsi que les divers titres de leurs ouvrages, dans sa Littérature de la Statistique, imprimée à Leipsig en 1790; mais nous recommandons la lecture de ce livre à tous ceux qui s'occupent de cette science. On trouve l'emploi du mot *Statistique*, que quelques personnes ont

---

(1) Il aurait fallu dire *la sagesse ou les erreurs*, &c.

tant de peine à adopter, dans le fameux
itinéraire germanico-politique d'Oldenburger, professeur à Genève, mort en 1678
(page 824 du tome IV de ses *Trésors*).
L'auteur donne à Veit-Louis de Sekendorf,
le titre de célèbre statisticien. On trouve
aussi une bibliothèque statistique, imprimée à Halle en 1701.

Cependant, jusqu'à l'époque que nous
avons rapportée plus haut, cette science
n'avait pas eu de caractère fixe et particulier qui la distinguât de celles dont elle a
fait long-temps partie : on trouve bien
dans les auteurs anciens des passages qui
prouvent qu'ils avaient une espèce de Statistique, mais non pas aussi complète que
celle qu'on cultive de nos jours.

*Cicero de legibus, l. 3, c. VIII, est senatori
necessarium nosse rempublicam. (Idem de
of at. 2, ad consilium de republ. dandum, ca-
put est, nosse rempublicam.) Idque latè patet,
quid habeat militum, quid valeat ærario, quos
respublica habeat socios, quos amicos, quos*

stipendarios; quâ quisque sit lege, conditione, fœdere; tenere consuetudinem decernendi; nosse exempla majorum. Videtis jam, genus hoc omne scientiæ, diligentiæ memoriam esse, sine quo paratus esse senator nullo pacto potest.

Tacit. annal. 1. cap. 11. *(Tiberius proferri libellum recitarique jussit, quo) opes publicæ continebantur, quantum civium sociorumque in armis, quot classes, regna, provinciæ, tributa aut vectigalia et necessitates ac largitiones. Quæ cuncta suâ manu perscripserat Augustus; addideratque consilium coercendi intrà terminos imperii, incertum metu an per invidiam.*

ADDITION.

LORSQUE j'ai publié ma *Théorie élémentaire de la Statistique*, je me suis vu attaqué par un économiste éclairé, qui, faute de connaître la science, l'a confondue avec celles qu'il a cultivées, et n'a pas compris le sens de mon ouvrage. Je ne relève cette critique, que pour faire voir combien la Statistique est encore peu connue en France, même

même des hommes qui, par la tournure de
leurs études, devraient avoir eu le plus de
facilité à se familiariser avec cette science
nouvelle. M. Peuchet dit (1) : « La théorie
de la Statistique devrait avoir pour objet
de considérer, par exemple, si dans l'estimation de la population d'un pays, la méthode des naissances est préférable à celle
des mariages ; si les résultats qu'on obtient,
en calculant les richesses par le nombre
connu des consommateurs, sont plus sûrs
que ceux que l'on obtient par le calcul des
bénéfices de l'industrie ; si les bases adoptées pour les levées militaires sont dans les
rapports des bras nécessaires aux travaux
agricoles et de la population mâle. » Il
ajoute : « Les principes suivis en Statistique
sur ces matières et autres de même espèce,
présentés méthodiquement, analysés et
démontrés, en composeraient la théorie ;

---

(1) Dans le Moniteur du 9 pluviôse an 13, ou 29
janvier 1805.

D

comme leur application à l'état d'un pays, de la France, par exemple, en présente-rait la Statistique proprement dite. »

C'est comme si l'on disait que, pour donner une bonne théorie de la médecine, il faudrait nous dire combien de jambes cassées ont été remises, cette année à l'hôtel-dieu de Paris, et si les procédés de monsieur A sont préférables pour la guéri-son de ces sortes de fractures à ceux de monsieur B. Si j'eusse fait l'ouvrage que M. Peuchet prétend que j'aurais dû faire, il aurait pu le trouver bon, d'après l'idée fausse qu'il a prise de la Statistique ; mais tous ceux qui ont cultivé cette science au-raient dit, avec raison, que le contenu de mon livre était étranger à son titre ; et qu'au lieu de publier une Théorie de la Statistique, j'avais donné un Essai sur l'arithmétique politique. Il n'est pas le seul qui ait con-fondu ces deux sciences ; cette erreur est assez commune : mais s'il veut se désabuser à cet égard, je l'engage à lire les auteurs

allemands qui ont traité à fond cette partie ;
il verra qu'il a encore beaucoup à apprendre
avant de juger les ouvrages des autres.
Cependant, avant d'aller plus loin, il est
essentiel de définir ce qu'on entend par
arithmétique politique; car nous pensons que
les bonnes définitions sont les seuls moyens
d'éviter les discussions oiseuses.

L'arithmétique politique est l'application
des calculs aux objets de politique, tels que
le nombre des habitans d'un pays, la durée
probable de la vie des hommes, la suppu-
tation des revenus d'après les richesses
présumées d'un État ; enfin, toute espèce
d'évaluations fondées sur des rapproche-
mens et des calculs. Tandis que la Statistique est une science qui a pour but de
faire connaître, soit par analyse, soit en
détail, les forces physiques, morales et
politiques d'un pays quelconque. On voit
que ces deux sciences s'éclairent mutuellement, et ont des rapports ensemble, mais
qu'elles sont cependant différentes l'une de

l'autre. Si M. Peuchet se fût donné la peine de lire ces deux définitions (1), sans doute il aurait été plus circonspect dans sa critique.

Il dit plus bas : « L'ouvrage de M. Donnant ne nous a pas paru seulement étranger à son titre par ce côté, il nous semble encore qu'il aurait dû entrer dans quelques détails sur l'histoire de la Statistique : le peu qu'il en dit est tiré du discours préliminaire de la Statistique générale et particulière de la France, imprimée chez Buisson, qu'il ne nomme pas ; encore en retranche-t-il la plupart des faits qui tiennent au sujet qu'il traite. »

Est-ce Buisson ou la Statistique que j'aurais dû nommer ? Il y a amphibologie dans la phrase de M. Peuchet ; mais les savans tels que lui ne sont pas difficiles sur le style.

—————————

(1) *Voyez* les pages 11 et 30 de *la Théorie élémentaire de la Statistique;* chez Obré, libraire, quai des Augustins, n.° 67.

Pourquoi aurais-je nommé cette Statistique à laquelle je n'ai rien emprunté? Comment! parce que je rapporte des faits qui se trouvent apparemment dans ce discours, le critique conclut que je n'ai pu les puiser que chez lui : c'est comme si l'on disait que M. l'abbé Barthélemi a pillé M. Rollin ; car celui-ci avait fait son Histoire ancienne, bien avant que celui-là n'entreprît son ouvrage du jeune Anacharsis. Je pourrais répondre d'un seul mot à M. Peuchet, c'est que j'ai en ma possession tous les auteurs dont j'ai parlé ; et que, quelqu'estime que je fasse de sa personne, ses écrits sont ceux que j'ai le moins lus. Il aurait peut-être fallu que, pour lui plaire, je dénaturasse les faits ; alors nous ne nous serions pas rapportés. Mais, en vérité, une pareille critique prouve bien des choses qui ne sont pas en faveur de celui qui l'a faite. Cependant il convient que je n'ai pas dit tout ce qu'il a dit, et en cela il a bien raison ; car le public m'aurait dit à son tour: vous ne

connaissez pas la science que vous traitez.
Je n'ai point voulu donner une histoire
détaillée de la Statistique, parce que ce
travail était étranger à mon objet, et qu'une
théorie élémentaire n'est point un ouvrage
historique. J'ai suivi ce principe d'Horace,
age quod agis : voulant faire un manuel qui
fût à la portée de tout le monde, je n'ai
pas été me perdre dans une érudition su-
perflue.

M. Peuchet dit : «Un écrivain qui pren-
dra à tâche de fixer les limites de ces deux
connaissances (1), et les caractères qui les
distinguent, ne saurait méconnaître les
travaux des auteurs nationaux qui en ont
parlé, ou les taire à ses lecteurs, sans nuire
à leur instruction. Nous jugeons peut-être
avec trop de sévérité une production à
laquelle l'auteur n'a vraisemblablement pas
mis une importance aussi considérable ;
mais nous avons cru devoir nous permettre

_____

(1) L'Économie politique et la Statistique.

cet examen, parce qu'il peut contribuer à éclairer le public sur les écrits dont il a lieu d'attendre de l'instruction sur l'objet dont il s'agit. »

Je n'ai pas méconnu les auteurs nationaux; je les ai cités, pas tous à la vérité, parce que je ne pouvais le faire sans m'écarter de mon but, et que je ne devais parler que de ceux qui ont travaillé à l'avancement de la science en général. Mais pourquoi M. Peuchet croit-il que je n'ai pas attaché d'importance à mon ouvrage ? C'est parce qu'il n'est pas volumineux : on peut appeler cela juger les livres au poids; et ces sortes de jugemens ne sont que trop communs de nos jours, sur-tout par les faiseurs d'*in-folios*.

Il est certain que j'aurais été plus vanté par quelques hommes, si j'eusse remonté au déluge pour prouver l'utilité de la Statistique; mais mon dessein étant de répandre les principes de cette science et d'en inspirer le goût, je me suis appliqué à en donner

D 4

une théorie claire et précise, qui pût être lue, et facilement retenue par toute espèce de lecteurs.

CHAPITRE IV.

Essai pour déterminer quelle est la véritable idée que l'on doit se faire de la Statistique.

CET essai a pour but de répondre aux questions suivantes qui se renouvellent tous les jours dans les cercles : qu'est-ce qui appartient, proprement dit, à la Statistique, ou à la description d'un peuple ou d'un État ? Quels sont les objets qui n'en font pas partie ? Pourquoi est-ce ainsi ? Et comment peut-on s'en apercevoir ? La Statistique diffère-t-elle de la géographie, de la physique et de l'histoire naturelle d'un pays ? En quoi consiste cette différence ? Qu'on me permette d'abord, de remonter à l'origine des États.

L'homme de la nature est l'homme de la société ; il ne peut pas plus vivre isolé d'elle qu'il ne pourrait venir au monde tout seul. Mais l'espèce de société dans laquelle le hasard le fait naître, le modifie, et fait de lui ou un sauvage, ou un Newton, un antropophage, ou un philosophe.

L'espèce humaine a passé depuis son origine, dont nous ne saurions fixer l'époque, par trois degrés de sociétés qui se sont succédés les uns aux autres : le premier, la société de famille ; le second, la société civile ; et enfin l'état politique.

La société primitive, domestique ou de famille, est celle qui est formée par l'union des deux sexes, ensuite des parens ou des enfans, enfin par les descendans. Il n'est pas de pays si sauvages où ces lois ne soient reconnues.

Les peuplades forment les sociétés civiles. Les hommes se réunissent d'abord par le sentiment de leur faiblesse, et y sont entraînés par le penchant de la sociabilité. Ils réunissent leurs forces pour s'occuper en commun à pourvoir à leurs

besoins, et pour repousser en masse leurs
ennemis. Cependant chaque père de famille demeure son propre maître, libre et
indépendant; aucun d'eux ne commande;
mais ils se donnent mutuellement des
conseils. Nos fameux navigateurs n'ont
point trouvé de pays habité où les hommes
ne vécussent pas en société. C'est ainsi que
vivaient les anciens Gaulois, les premiers
Germains, et presque tous les Européens
avant de passer sous le joug des Romains.
Ils souffraient un chef, mais ils ne voulaient pas de rois. (*Voyez* César, *Comm. de
la guerre des Gaules*, liv. VII, chap. IV.)
Ainsi, de notre temps, vivent les Groen-
landais, les Kamtchadales et les Chutzkes.
Ainsi vivent encore maintenant des millions de sauvages en Amérique.

SOCIÉTÉS POLITIQUES ou ÉTATS. Dans
l'accroissement des familles unies, et lorsqu'elles parviennent à un degré de civilisation, la seule réunion des volontés devient

insuffisante pour le but de la société. Tous veulent leur bonheur ; mais ils varient dans le choix des moyens ; les uns ne savent comment diriger leur volonté, et les autres la dirigent mal (1). Ils doivent donc nécessairement abandonner à une ou à plusieurs personnes, 1.° le droit de vouloir pour

---

(1) Il est dans la nature de l'homme de mettre son bonheur particulier au-dessus du bien général, et c'est ce penchant inné qui tend sans cesse à rompre les liens qui unissent les hommes entre eux. Les jouissances mal calculées de l'égoïsme font plus de tort à l'avancement des lumières, que n'en font les écarts des sociétés. C'est en voulant séparer son propre bien du bonheur général que l'homme nuit à lui-même et aux autres. Nul doute que toutes les facultés dont l'homme est doué par la nature ne soient portées au plus haut degré de perfection par l'état social, tandis qu'elles s'effacent et s'anéantissent dans l'état d'isolement. On en doit conclure que l'État qui est le plus susceptible de perfectionner l'homme, est le plus naturel ; il n'y a donc eu qu'un extrême dérangement dans les idées, et un oubli total des plus saines vérités, qui aient pu porter quelques écrivains à soutenir le contraire. Mais aucune société ne saurait subsister sans être consolidée par une dépendance mutuelle des hommes ; donc cette dépendance est fondée sur les lois de la nature même.

tous dans des cas déterminés ; 2.° armer
le chef d'assez de puissance pour qu'il
puisse faire exécuter au besoin sa volonté
par la force. C'est ainsi que la société civile devient un État, et qu'elle prend un
gouvernement.

La plupart des peuples du monde suivent ces principes ; il faut que cet ordre
soit naturel ; ceux qui ne s'y conforment
pas sont des sauvages ; c'est donc un besoin
pour l'espèce humaine. Et l'on voit que ce
besoin est commun à tous ; car nous re-
trouvons le même esprit dans l'histoire des
premiers hommes, et même chez presque
tous les peuples à demi-sauvages.

Il n'y a que les nations qui vivent sous
la forme de sociétés politiques qui soient
dignes et susceptibles d'avoir une Statistique. Les sauvages n'offrent de notions
intéressantes qu'à celui qui s'occupe de la
nature et d'observer les hommes.

Toutes les sociétés qui sont sorties de
l'état sauvage s'accordent sur ces deux

points : 1.° le but général ; 2.° la forme de gouvernement.

1.° Le but de chaque individu est son bonheur ici bas. Tous les hommes apportent le désir d'être heureux en entrant dans la société ; mais pour atteindre ce but, ce qui serait impossible à l'homme isolé, ils se courbent sous le joug de la société, afin de produire une masse imposante de toutes leurs forces ; 2.° cette masse ne peut opérer ses prodiges qu'étant unie et dirigée. L'unir et la conduire conformément au but, cela s'appelle présider à la société, la gouverner et la commander. Comme la plus grande partie des hommes est faible et méchante, ainsi cette étroite union n'existerait pas, et l'on ne saurait atteindre le but qu'on se propose, si le président, le souverain, le chef de l'État, n'avait pas le droit et la puissance de contraindre les volontés dans des cas déterminés. C'est alors que ses conseils deviennent des ordres irrésistibles, et que les suivre avec

une obéissance aveugle, devient un devoir
sacré. Ce droit et le pouvoir de commander, accordé ou usurpé, forme ce qu'on
appelle les sociétés politiques; quand ce
n'est qu'un simple pouvoir, il est sujet à
changer de mains.

Ce n'est donc que sous ces deux points,
que les États se ressemblent; mais combien ne diffèrent-ils pas les uns des autres
sous mille rapports : quelle différence
déjà dans la grandeur et les produits du
pays; dans le nombre et les qualités des
habitans. L'observateur éclairé classe ces
différences suivant les rapports des objets
entre eux; et c'est-là ce qui fait une foule
de descriptions d'un même État : le physicien, le géographe, le naturaliste, le botaniste, le minéralogiste, le zoologue,
l'historien, l'antiquaire, l'économiste, le
publiciste, le théologien et beaucoup d'autres; chacun d'eux, borné à sa partie,
trouvera dans chaque État, quelque petit
qu'il soit, matière à faire des descriptions

qui rempliraient des volumes entiers, et qui procurent de l'instruction et du plaisir à tout lecteur versé dans la connaissance de ces objets.

Que l'on suppose qu'il y ait vingt ou trente descriptions spéciales, dans une forme scientifique, de toutes les provinces d'un empire, telles qu'elles existent : chacune d'elle aura son mérite ; parce qu'elle appartient à la connaissance complète du pays, et qu'on doit regarder tout ce qu'elles contiennent comme des objets intéressans, et qu'il ne faut pas rejeter sous le titre de bagatelles, de détails minutieux, monotones ou insipides.

Ce serait une chose précieuse que dans chaque État, il y eût une telle série de descriptions spéciales : mais maintenant toutes ces descriptions, prises ensemble, formeraient-elles un tout complet qui aurait le nom de *Statistique d'un État !* Non, sans doute ; car il s'ensuivrait que la Statistique serait l'idée composée de tout ce que

que nous enseigneraient la géographie, la météorologie, la botanique, l'histoire naturelle, la connaissance des manufactures, &c., d'un pays. Quels volumes énormes cela ferait ! Mais il ne s'agit pas de faire entrer tous ces objets ; il faut seulement donner ce qu'ils offrent de plus intéressant pour composer la Statistique. Cependant, dira-t-on, que doivent fournir la géographie, la météorologie à notre science ; que doit-on en extraire, et d'après quelle règle ? Où la Statistique a-t-elle d'autres données qui lui soient propres, et qui soient aussi différentes de toutes celles citées plus haut, que les remarques du botaniste le sont de celles du commerçant ?

Ce n'est pas ainsi qu'il faut raisonner. Toutes les données que recherche le statisticien, doivent déjà être renfermées dans les vingt ou trente descriptions spéciales dont nous avons parlé, pour peu que celles-ci soient exactes : mais comme chacun de ces écrivains avait son but

E

particulier, ainsi le statisticien se forme le sien, qu'aucun des précédens n'avait, et qui devient indispensable pour sa science : que l'homme qui s'occupe des États, soit en théorie soit en pratique, vienne, après tous les autres, avec son plan, il extraira de toutes ces choses, celles qui ont une influence visible ou cachée, plus ou moins grande, sur le bonheur du peuple; il se les appropriera, et il les rangera, dans l'ordre le plus convenable, l'une à la suite de l'autre.

Un tel plan est digne de trois sortes d'hommes instruits, qui s'occupent de considérer les États sous des rapports différens.

1.º L'*administrateur* : celui-ci doit diriger les emplois et les forces de la portion de la société qui lui est confiée. Comment pourra-t-il les conduire sans les connaître? Il doit les activer toutes; il faut donc qu'il commence à en étudier la théorie pour être à portée de les bien juger : si elles sont dans un état de vacillation, qu'il s'applique à les affermir; si elles paraissent s'affaiblir, qu'il recherche les causes de dépérissement; enfin, il est indispensable qu'il connaisse leurs rapports, soit pour les avancer ou les retenir. Il est donc clair que les recherches statistiques sont absolument nécessaires à celui qui veut bien administrer.

2.º Le *simple citoyen* pensera qu'il doit aimer son propre pays autant qu'il est possible. Comment peut-il le faire sans le connaître? Il est certain que chaque pays a quelque avantage, plus ou moins grand, sur tout autre; mais encore faut-il qu'il sache ce qui lui fait donner la préférence à sa patrie. Il est certain encore qu'il se trouve par-tout des défauts et des inconvéniens, et que le seul moyen d'y remédier, soit par ses conseils, soit par ses travaux, est d'être en état de les juger.

3.º Le *publiciste* veut-il mesurer le bonheur des peuples, il y a un moyen simple d'atteindre ce but, c'est de comparer les

États les uns avec les autres, il verra le degré de prospérité ou de misère dans lesquels ils seront ; quelles grandes vues n'offre pas cette science !

Il est évident que tous les trois ont un but neuf et particulier ; et chacun d'eux est également digne d'estime. Ils ont besoin pour cela de la connaissance du pays ; et la collection des descriptions spéciales dont nous avons parlé, leur donnera cette connaissance. En même temps, ils apprendront à connaître les détails, et à sentir leur influence sur le bien général de l'État. Mais pour sentir ces choses, on voit que cela suppose un tact acquis par d'autres connaissances scientifiques. Quoiqu'on ne soit pas entomologue, si l'on trouve le vers des bois qui détruit les forêts, il ne faut pas négliger d'en faire mention dans son rapport annuel au Gouvernement ; c'est alors que ces sortes d'observations sont précieuses. C'est ainsi que, quoique la mousse d'Islande soit acclimatée en Portugal et en Espagne, on l'a toujours tirée de l'étranger.

Ici se retrouve la définition d'Achenwall, mais développée avec plus d'exactitude. 1.º La Statistique est l'idée générale des curiosités d'un pays. Celui qui veut les étudier et faire une Statistique, doit choisir ce qu'il y a de plus remarquable et ce qui convient le mieux à la science ; 2.º si ce caractère ne saute pas aux yeux, qu'il le fasse connaître ; 3.º ensuite qu'il mette toutes ces données en ordre, suivant son but, afin qu'on puisse les saisir facilement, et qu'on puisse chaque fois juger la situation d'un État en masse, la comparer et la mesurer avec la situation passée et celle des autres États. Qu'est-ce qui n'appartient point à la Statistique, et comment diffère-t-elle des descriptions des pays et des peuples ? Que le statisticien abandonne aux beaux esprits de son pays la description pittoresque de contrées ravissantes. L'histoire ne le regarde pas. Les antiquités

mêmes ne doivent pas y entrer non plus,
excepté, dans une ville pauvre, quand elles
attirent des pays éloignés des voyageurs
qui répandent annuellement, comme à
Rome, quelques centaines de mille écus.
Par exemple, la donnée géographique que
l'Angleterre est un île, n'est statistique que
quand elle sert à démontrer que c'est une
principale base de la puissance des Anglais : ce qui fait la différence de la géographie sèche et aride, et, si l'on veut
souffrir le nom, de ce qu'on appelle *géographie politique.*

Qu'est-ce qui lui apppartient nécessairement d'après la définition que nous
avons donnée, quoiqu'à la vérité l'ancienne
Statistique et quelques nouvelles aient né-
gligé de le dire ? Outre les objets non
contestés, l'administration de l'État y entre
aussi ; d'abord on doit la peindre telle
qu'elle existe réellement, et ensuite telle
qu'elle devrait être.

Une partie du bonheur des citoyens ne

dépend-elle pas par exemple de la justice ?
Et qui hasardera de peser le bonheur ou le
malheur d'un peuple sans mettre dans la balance sa constitution politique, ou la forme
de son gouvernement ? La Pologne qui
était un État composé de douze millions
d'hommes, et de forces considérables,
s'est anéantie de nos jours, uniquement à
cause de la forme de son Gouvernement.

Pour éclaircir et apprécier l'idée que
nous avons donnée de la science, nous
allons soumettre quelques réflexions.

La vérité est naturellement la première
qualité et celle à laquelle on doit le plus
tenir ; mais un fait, en général, est une
chose difficile à saisir, comme le dit bien
un Anglais ; et un fait statistique est encore ce qu'il y a de plus difficile à saisir.
C'est ce qui fait que la plupart des Statistiques des empires sont parsemées de
faussetés ; la raison en est que l'étude de la
Statistique a commencé quelques dixaines
d'années trop tôt. Lorsque, chez nous, il

y a trente ans, la curiosité commença à fermenter et à devenir sans bornes, on avait bien de la peine à se procurer des données sûres à cause de la crainte de la publicité qui régnait universellement. Cependant on supposa qu'on devait avoir ces données, et on les créa, *à priori*, d'après des conjectures et des estimations, et on exposa des nombres avec une véritable impudence pour la superficie de tout un empire, des nombres pour la population, des nombres pour les exportations et les importations, qui étaient pris en l'air ou puisés dans des voyages très-équivoques.

Je ne parle pas de folies bien plus anciennes, lorsqu'on voulait donner la population générale du globe, la superficie de toutes les terres connues, le rapport entre les naissances et les morts, avant qu'on ne les eût comptés. Les lecteurs étaient contens de voir tous ces nombres ronds, et ne s'imaginaient pas qu'ils étaient la plupart grossièrement inventés. Peu après parut la légion des faiseurs d'almanachs; la troupe des compilateurs de grosses géographies, qui les répandirent avec profusion dans le public; les faiseurs de tableaux qui allèrent jusqu'à faire graver leurs faussetés statistiques, et les rêveurs de proportions, sur-tout dans l'économie politique, qui surchargèrent le lecteur avide de rapports monstrueux.

Cette nouvelle étude courut ainsi le danger de tomber dans le ridicule : et les hommes à la tête des affaires étant mieux instruits, regardèrent avec un juste mépris la *Statistique* des cabinets des savans et des chaires; c'était le nom qu'on lui avait donné alors.

Maintenant traçons les véritables règles : Il n'y a que les Gouvernemens et non les particuliers qui puissent établir des données certaines de Statistique; il n'y a qu'eux qui puissent faire connaître la superficie de tout l'empire, par des calculs exacts, la somme des arpens des terres

cultivées , le produit annuel en blé, vin ,
soie , et tous les autres faits de ce genre.
Il est heureux pour nous d'être des statisticiens du nouveau siècle ! Dans quelle
ignorance et dans quelle insouciance n'é-
taient pas les Gouvernemens sur ces sortes
d'objets, il y a cinquante ans? Une foule de
princes ignoraient jusqu'au nombre de leurs
sujets , et s'ils le savaient , ils regardaient
de semblables notions comme secrètes , et
devant rester inconnues à leurs voisins et
au public. Les progrès des lumières ont
rendu les princes plus soigneux et plus
communicatifs. Depuis ce temps , nous
n'avons pas connu cette différence hon-
teuse entre la Statistique des savans et
celle des hommes d'État. L'écrivain ne sait
rien que le ministre ne sache aussi bien
que lui, et qu'il n'ait bien voulu publier ;
mais le ministre instruit peut avoir des
données que ses fonctions l'ont mis à portée
d'acquérir , et que le statisticien n'a pu se
procurer. Le statisticien doit-il, lorsqu'il

lui manque des notes exactes sur les avantages ou les inconvéniens d'un pays, recueillir tout ce que peuvent lui fournir les citoyens éclairés, les descriptions de voyage et les journaux mêmes? Il n'y a pas d'inconvénient, mais il faut alors qu'il nomme ses sources et les apprécie, et qu'il se retranche derrière les autorités qu'il a citées.

Cependant les données que les Gouvernemens eux-mêmes fournissent, ou qui sont publiées sous son autorité, peuvent être inexactes. La vérité ne parvient toujours pas aux princes malgré leurs lois et leur puissance. On doit envoyer aux administrations subalternes des instructions claires et bien détaillées, des cadres bien faits, qui puissent être remplis d'une manière aisée et presque mécaniquement, et sur-tout avec uniformité, d'après lesquels ils donneront les renseignemens qui leur seront demandés. Cependant le Gouvernement, dans les premières années sur-tout, et avant que la marche soit bien établie, doit veiller qu'il ne se glisse pas d'inexactitudes dans les listes de population, de commerce et celle des églises, soit par négligence ou inhabileté et quelquefois même avec dessein. Une donnée peut être vraie et ne pas être utile, si elle n'est pas déterminée et exprimée en nombre, comme cela est nécessaire pour la plupart : par exemple, si l'on dit une ville a des manufactures florissantes qui occupent un grand nombre d'ouvriers, et l'on recueille dans le plat pays une prodigieuse quantité de soie ; phrase favorite de plusieurs voyageurs qui veulent dire quelque chose lorsqu'ils ne savent rien de positif. Beaucoup de traducteurs traitent leurs lecteurs d'une manière aussi barbare, en mettant par-tout arpens et boisseaux, comme si dans chaque pays ils étaient les mêmes.

Combien y a-t-il de choses importantes qui ne paraissent d'abord pas l'être, tandis qu'il y en a d'autres qui n'en valent pas la peine, quoiqu'elles fixent l'attention des ignorans. Ces observations sont essentielles, sur-tout pour les jeunes voyageurs qui, pour acquérir des droits à des emplois, et pour étudier les hommes et les pays, sans aucune instruction préliminaire, font le tour de l'Europe à l'anglaise, n'observent pas, ne questionnent pas, et n'étudient pas ce qu'ils devraient observer et étudier. Ils vont aux assemblées, aux fêtes, à la cour; mais que le paysan sache lire et écrire, qu'il sacrifie un tiers ou un cinquième de son salaire gagné péniblement, ou que la torture existe toujours, ce sont là des choses dont ils n'ont jamais entendu parler et qui ne les intéressent pas. Telles données paraissent insignifiantes, et sont souvent négligées, dont l'importance est cachée et ne se trouve qu'en y réfléchissant. C'est ici que doivent se montrer le génie et l'érudition du statisticien. Plus il sera riche en connaissances de toutes espèces, et plus promptement il apercevra les rapports entre les objets marquans, rapports qui restent inconnus à l'écrivain qui n'est simplement qu'homme de lettres. L'habillement des peuples n'est pas par lui-même une chose curieuse, mais les vêtemens qui sont de mode pour les femmes et les enfans dans les Hautes-Alpes, pouvant avoir des conséquences dangereuses pour les femmes enceintes, deviennent alors des remarques politiques intéres-santes.

Plusieurs autres données échapperont à l'observateur, parce qu'elles se présentent isolées et rarement, et que leur importance ne devient sensible que comme faisant partie des masses que le Gouvernement seul peut se procurer. Par exemple, y aura-t-il dans chaque grand État des établissemens pour les sourds-muets ? Mais, dira-t-on, ces malheureux sont en petit nombre ; qu'on les compte. Leur nombre, seulement en Allemagne, s'élève à vingt-cinq mille.

Un enfant périt quelquefois par défaut de soin de sa mère, et plus souvent par la négligence de sa nourrice. Ces accidens ne paraissent pas très-fréquens, au moins ne sont-ils pas connus. Les faiseurs de tables, en Suède, ont compté, que sur neuf années, il en périssait annuellement six cent cinquante de cette terrible manière. Et combien de morts de ce genre restent inconnues ? On a même présenté, pour éviter ces accidens, une machine fort simple, dont la description a été donnée dans les transactions philosophiques, et approuvée par l'académie des sciences de Stockholm.

Ordinairement on ne regarde pas comme très-nécessaire de savoir le nombre de chiens qui sont dans un pays. Mais si la famine vient à menacer une contrée, alors c'est une chose utile. C'est encore intéressant à savoir, pour le ministre des finances, s'il veut proposer de mettre un impôt sur les chiens de luxe. Enfin il faut regarder comme une règle sûre que ces sortes

d'observations qui paraissent offrir peu
d'intérêt dans un temps, deviennent quelquefois très-importantes dans d'autres circonstances.

Cependant il faut dire que pour le
moment cette science n'est pas dégagée de
tout charlatanisme. Il se glisse dans les
ouvrages de statistique une foule d'erreurs,
de faits faux et de preuves d'ignorance,
dont on pourrait rapporter des exemples
sans nombre. Il y a des erreurs qui ne sont
que risibles, et qui ne valent pas la peine
d'être relevées; mais il y a de certains
temps et des circonstances où elles deviennent importantes et dangereuses.

« Goettingue est dans la Westphalie, dit
le Dictionnaire encyclopédique »; n'au-
rions-nous pas pu nous autres Goettinguois,
lors du partage des indemnités, tomber
dans la part des copartageans de la Westphalie, si les députés de Ratisbonne n'eussent pas eu plus de confiance à Hubner et à
d'autres auteurs, qu'au fameux dictionnaire
encyclopédique ?

encyclopédique? Un journal dit « que dans
l'armée hanovrienne, il y a un régiment qui
sert continuellement la compagnie anglaise
dans les Indes orientales. » Cela pourrait
être vrai, comme autrefois; et depuis deux
ans, les Français ont à leur solde des régi-
mens suisses; mais cela est faux. Pourquoi,
dans un journal qui mérite d'ailleurs la
confiance et l'estime, fait-on imprimer un
mensonge aussi grossier, qui peut, dans
certaines circonstances, devenir dangereux?
Cependant l'histoire universelle nous offre
de plus grands exemples d'événemens occa-
sionnés par de pareilles erreurs. En effet,
on peut assurer, sans affectation, pour
l'honneur de notre science, que l'ignorance seule de la Statistique, ainsi que
celle du droit politique, a occasionné assez
souvent des révolutions, a attiré des dom-
mages irréparables à des nations entières,
et en a conduit d'autres, sans dessein, à
des injustices criantes. La puissance prussienne s'était élevée dans le cours d'un

F

demi-siècle : peu à peu son maître avait
quitté le simple titre de *marquis de Bran-
debourg*, comme on l'appelait encore en
France dans l'année 1672. C'est ce que le
cabinet de Vienne ne savait pas en 1740.
Marie-Thérèse se raidit contre les justes
prétentions de Frédéric, et perdit par-là
un petit royaume. La Russie se soutint,
même après la mort de Pierre I.er, dans la
grandeur qu'elle s'était acquise : et cependant par ignorance, dans une diète qui eut
lieu à Stockholm en l'année 1738, cet
État faible et épuisé déclara une guerre
imprudente à la Russie sa voisine colossale.
Dans la guerre de la succession d'Autriche,
le ministre français d'alors fut prévenu que
la Russie prendrait part à la guerre : Que
peut nous faire cette impératrice , dit ce
ministre ! Mais Élisabeth fut cause que
Louis XV ne tarda pas à être obligé de
signer une paix mesquine à Aix-la-Cha-
pelle. Les Turcs ont encore éprouvé de plus
grandes pertes dans les guerres de 1768 et

de 1787, faute d'avoir bien connu la Statistique de la Russie.

Darius, fils d'Hystaspes, offensé par les Athéniens qui avaient pris le parti des rebelles, voulut en tirer vengeance. Le publiciste de la cour de Perse pensait que tout ce qu'on appelait *Grecs* ne formait qu'un État ; en conséquence on demanda à la Grèce entière satisfaction et hommage : ainsi, pour une faute d'une petite république, on voulut rendre responsables quarante-neuf autres États. Une ignorance visible de Statistique (quoique ce ne soit pas, à la vérité, la seule cause) fut un des principaux motifs d'une guerre qui dura cent cinquante ans entre les Grecs et les Perses, et qui se termina par la ruine de l'empire persan. Ces divers exemples font voir toute l'utilité de cette science ; mais elle a encore d'autres avantages.

La Statistique apprend à connaître quand un État est bien gouverné. C'est le baromètre de la liberté publique ; elle fait l'éloge

vrai et incontestable des chefs de l'État. Le
bien qui se fait dans un pays, est l'ouvrage
du Gouvernement ; les citoyens l'apprennent par des tableaux et mémoires statistiques ; ils leur font connaître combien les
hommes se multiplient, combien les exportations s'augmentent, comment les
grands crimes, les condamnations à mort,
diminuent, &c. N'est-ce pas là une douce
récompense pour des princes bien pensans?
Les souverains commencent à se faire une
étude des rapports annuels de leurs empires ; ils les méditent et y trouvent des
sources de lumières. Lorsqu'on présenta à
Frédéric-le-Grand une liste de naissances,
il s'écria, jamais on ne fit tant d'enfans!
L'avant dernier duc de Wirtemberg disait,
en voyant un tableau statistique, je n'ai
perdu que huit de mes sujets.

Ceux qui ne laissent pas voir les rapports statistiques, agissent ainsi par différens motifs. Quelquefois ils sont mus par
la crainte. Par exemple, le Gouvernement

polonais défendit l'impression de l'histoire
de Pologne de Duglos, parce qu'il l'avait
commencée par une géographie exacte du
pays, et qu'on craignait que cela ne servît
de renseignemens aux ennemis. Cela arrive
aussi par vanité. La ville impériale de ...
en Allemagne, dont la décadence se faisait
sentir de jour en jour dans la population,
défendit d'insérer dans les feuilles hebdo-
madaires les recensemens des naissances,
des mariages et des morts. Mais cet air
de mystère a coûté cher dans la dernière
guerre à quelques États d'Allemagne. Les
journalistes avaient répandu de fausses
données de ces pays; les Gouvernemens,
trop insoucians ou trop fiers, ont cru
au-dessous de leur dignité de relever ces
erreurs, et lorsque l'ennemi parut, il im-
posa les habitans d'après les fausses données des journalistes. L'idée des curiosités
d'un pays est relative : ce qui est très-
remarquable pour un petit pays ou pour
quelques parties d'un grand pays (par

exemple, si quelques villages subsistent du concours de pélerinages annuels); n'est pas d'un grand intérêt pour tout le monde. C'est ainsi qu'on ne doit pas omettre un petit ruisseau dans une topographie d'une province, tandis qu'il serait déplacé dans une corographie, et sur-tout dans une géographie de l'empire.

Il est certain qu'il y a des vérités statistiques dans le sens le plus rigoureux; mais il y a certaines données que l'on peut exprimer en nombres ronds. Que personne ne demande sous prétexte de précision des calculs arithmétiques plus exacts, quand il est visible que quelques centaines de plus ou de moins ne sont rien pour l'ensemble.

Je lis dans mes papiers russes, qu'en 1761 on envoya d'Astrakan, vers le sud de la mer Caspienne, 303,000 aiguilles fabriquées en Russie et 4000 tirées de l'étranger, pour la valeur de 152 $\frac{1}{2}$ roubles; et, en 1762, 1,066,500, et 2,530,800 étrangères, pour la valeur de 2,504 roubles 85 copeks. Il est possible qu'on ait annoncé un mille ou deux de plus ou de moins ; les zéros à la fin paraissent suspects ; cependant les données sont dignes de foi, et peuvent être employées avec certitude.

Les deux paragraphes ci-dessus ne sont ici que pour prévenir les chicaneurs et les pédans ; car il y a de certaines données où il faut être très-exact.

ADDITION.

LA difficulté qu'il y a pour atteindre à une exactitude parfaite, et pour faire coïncider les rapports statistiques avec les faits, sont les grandes objections que les adversaires de la science opposent à sa culture ; mais il est clair que ce sont plutôt des prétextes qu'ils sont bien-aises de saisir pour combattre une chose utile, que des motifs suffisans pour rejeter une étude qui promet les résultats les plus importans. En effet, ces erreurs ne peuvent jamais

F 4

qu'être légères, ou autrement l'ouvrage qui les contiendrait aurait le sort de tous les mauvais livres; il serait bientôt jugé, et resterait chez le libraire, et dans ce cas ne ferait aucun mal : mais supposons que quelques erreurs passent à la faveur d'un grand nombre de faits exacts, ne sont-elles pas faciles à rectifier? Et d'ailleurs les autres sciences en sont-elles plus exemptes que celle-ci ? Est-ce une raison pour les abandonner? Avant que la physique et la chimie ne fussent arrivées au degré de perfection qu'elles ont atteint dans ces cinquante dernières années, combien n'ont-elles pas consacré d'erreurs? et cependant peut-on se refuser de reconnaître tous les services que ces sciences ont rendus, même dans les temps où elles laissaient encore tant de choses à desirer ? Faut-il ne plus lire Buffon, parce qu'un grand nombre de faits avancés par ce célèbre interprète de la nature se sont trouvés inexacts ? Messieurs les faiseurs de livres, que deviendriez-vous si vous étiez obligés de vous taire toutes les fois que vous êtes incertains sur des faits ? La plupart de vous seraient réduits à garder le silence le plus profond. Convenons donc que c'est une mauvaise chicane que l'on a voulu faire à notre science, parce qu'elle est nouvelle. On a été même jusqu'à contester son existence et son nom.

Un écrivain estimable, M. de Villers, dit (1) avec raison : « Non-seulement on ne s'est pas donné le temps d'approfondir la Statistique avant de la juger, mais on a voulu même la rejeter, sous prétexte que son nom est trop dur. Cependant nous avons dans notre langue une foule de mots, tels que *numismatique*, *ecclésiastique*, *phlogistique*, *polytechnique*, et tant d'autres en *ique* sur lesquels personne ne s'avise de chicaner ; tandis qu'on a de la peine à laisser passer le mot *Statistique*, et que quelques voix se sont écriées *à la barbarie !*

----

(1) *Voyez* le Publiciste du 27 février 1805.

Le pauvre étranger aurait pu dire, ainsi
que bien d'autres, ainsi que tant d'hommes
et d'idées assez rudement rebutés sans connaissance de cause :

Barbarus hic ego sum, qui non intelligor illis.
OVID.

Et tout ce peuple ignare,
Ne me comprenant point, me tient pour un barbare.

» Quoi qu'il en soit, la chose existe, et
il lui faut un nom, peu importe lequel :
il serait déplacé de se montrer si difficile
sur le choix (1). Le sens qu'il convient d'y
attacher étant une fois déterminé, rien
n'empêche qu'on s'en serve, sans pointiller
sur son origine. *Logique* ne vient-il pas d'un
mot grec, qui signifie tout simplement
parole ou *discours* ! *Chimie*, qui vient de
l'arabe, signifie une chose fort différente
d'*alchimie*, qui est pourtant le même mot,

_____

(1) Sur-tout lorsqu'on voit qu'il existe depuis cinquante ans, qu'il évite une périphrase, qu'il a été admis
chez les principales nations de l'Europe, et adopté par
presque tous les Gouvernemens.

précédé de l'article *al;* mais c'est qu'on en est convenu ainsi. Convenons donc d'employer *statistique*, et tout sera arrangé quant au mot.

» La science existe, nul doute. En effet, un corps politique étant donné avec la quotité et la nature de son sol, de ses ressources, de ses moyens de développement, le nombre d'individus qui le composent, leur degré d'activité, d'énergie, de lumières, &c., n'y a-t-il pas telle ou telle combinaison où la somme de ses forces augmente en intensité, ou bien où elle produira plus d'effet par une direction plus habile ? N'y a-t-il pas une de ces combinaisons où le corps politique aura atteint son plus haut degré possible de prospérité, de vie, de force interne et externe ? Or, la recherche et l'énumération exacte de ses ressources et de ses moyens, ne sont-elles pas soumises à certains principes, à certaines règles ? N'est-elle pas susceptible d'une méthode, d'une marche plus ou moins sûre ?

C'est précisément l'ensemble de ces principes, de ces règles, de cette méthode,
qui constitue une science.

» La connaissance systématique et raisonnée de la manière d'être d'un corps politique ou de l'État, telle que je viens de
l'exposer, est donc une science, et cette
science nous l'appellerons *Statistique*.

» Quand la Statistique, par les procédés
qu'elle enseigne, a fait un relevé exact de
la situation et des ressources de l'État,
l'exécution et la mise en activité de ces ressources appartiennent à l'administration,
au Gouvernement, et font l'objet de l'économie politique. La Statistique recueille,
l'économie politique distribue et ordonne;
l'une est à l'autre ce que la recette est à la
dépense, ce que le bilan du trésor public,
si l'on veut, est au ministère des finances.

» Par ce qui vient d'être dit, on doit
concevoir combien l'objet de la Statistique
est autre que celui de la géographie. Quelques personnes ont prétendu les confondre,

et faire de la Statistique une simple dépendance de la géographie ; il est certain qu'en prenant le mot de *géographie*, ou description de la terre, dans son sens le plus étendu, pour tout ce que la terre renferme et ce qu'elle porte ; comme, par la loi de la pesanteur, les hommes tiennent à la surface de la terre par la plante de leurs pieds, il en résultera que les hommes, leurs institutions, leurs travaux, leurs faits et gestes, qui tous ont lieu sur la surface de la terre, appartiendront à la géographie. Par une raison pareille, la botanique, la minéralogie, lui appartiendront aussi ; toutes les sciences entreront dans cette encyclopédie d'occasion, et l'on aura trouvé un expédient merveilleux pour tout brouiller et tout confondre.

» Cependant, à part la loi de gravitation et le lieu de l'espace, et en rapportant la division des sciences à un principe un peu moins matériel, nous verrons que la Statistique n'est pas plus dans les attributions de

la géographie , que l'art du confiseur , par
exemple , ou que la tactique , l'histoire , la
littérature en général , &c. La géographie
doit mesurer et décrire la terre ; c'est déjà
un champ assez vaste , et qui offre assez
de développement. Il pourrait exister une
géographie pour une contrée, quand même
cette contrée n'aurait pas d'habitans. La
géographie n'a-t-elle pas des chaînes de
montagnes , des vallées, des rivières , des
lacs , des bois , des marais , des côtes et
autres objets de son ressort à y détailler ?
Mais sans habitans, point de Statistique. La
Statistique est l'action de l'homme appli-
quée à ce même sol, qu'il va asservir à ses
besoins, dont il va cultiver les plaines,
diriger les eaux, percer les montagnes. La
géographie s'occupe de ce qui est figuré et
mesurable sur la terre ; la Statistique , des
rapports qu'une société humaine , qu'un
État sur cette même terre pourra avoir
avec elle , pour en tirer le plus de forces ,
de subsistances, de richesses , d'agrémens ,

qu'il lui sera possible. Le procédé domi-
nant dans l'une est l'arpentage, dans l'autre,
l'évaluation des forces. L'une enfin est une
science mathématique, l'autre une science
dynamique.

» Si la Statistique est une science récem-
ment cultivée parmi nous, c'est que le
réveil de l'esprit public n'y date pas de
fort loin. Après une secousse politique qui
avait tout détuit, quand on a voulu tout
reconstruire, il est naturel qu'on ait senti le
besoin d'étudier et de rechercher les matériaux dont se compose l'édifice social.....
Le chef de l'État a aperçu le premier à
quel point il importait d'inventorier avec
méthode les ressources et les divers moyens
de restauration qui s'offraient pour la nation française. Un ministre patriote et
savant l'a secondé dans ses vues, et les
premiers administrateurs ont été chargés
de recueillir, chacun dans son département, les données nécessaires ; il en est
résulté ces Statistiques départementales,

dont plusieurs sont déjà imprimées, et qui serviront à composer un jour le vaste tableau de l'Empire. »

Puisse ce bel exemple être imité par tous les souverains de l'Europe !

CHAPITRE V.

CHAPITRE V.

Des principales parties de la Statistique et de l'ordre dans lequel il convient de les ranger.

QUEL que soit le soin que des auteurs statisticiens aient pris, pour élaguer les choses superflues de celles qui sont nécessaires à conserver, leurs ouvrages seront toujours surchargés de faits. Comme il y a beaucoup d'objets, il faut de l'ordre et de la méthode dans les divisions : les auteurs doivent employer chaque description de manière à faire partie du tout, et accorder chaque division avec l'ensemble ; car c'est l'uniformité dans l'ordre des matières qui mettra de la clarté dans le travail. Jusqu'à présent il n'y a encore rien eu de déterminé là-dessus. Prenons trois écrivains, qui aient décrit le même pays ; quoiqu'ils soient d'accord sur l'idée de la Statistique, et rapportent en

G

conséquence à-peu-près les mêmes faits, ils
les rangent chacun dans un ordre différent;
par exemple, quand Achenwall décrit l'Espagne, il commence ainsi : 1.° L'histoire
(cependant elle n'appartient pas à la Statistique); 2.° Le pays, les fleuves, les provinces, l'abondance ou la disette qui s'y
trouve, les pays qui en dépendent; 3.° les
habitans, leur nombre et leur caractère;
4.° le droit public de l'État, les lois fondamentales du royaume, l'hérédité de la
couronne, l'époque de la majorité, l'administration générale du royaume, la famille
règnante; les droits du Gouvernement,
les États du royaume, la haute noblesse;
5.° l'organisation de la cour et du Gouvernement, le titre des souverains, celui
de leurs enfans, les armoiries, la résidence
de la cour, les ordres de chevalerie, le conseil d'état, l'état ecclésiastique, les droits
de l'Église, l'inquisition, les sciences, les
lois, l'administration des droits, l'industrie
et les manufactures, le commerce intérieur

et extérieur, celui des colonies et avec les autres parties de l'Europe, le système monétaire, les revenus du roi, la somme totale des rentes, celles que font les provinces, la levée des impositions, les inconvéniens existans, les améliorations à faire, les forces de terre, celles de mer; 6.° les intérêts politiques. (Il a oublié les rapports avec les autres puissances.)

Sprengel a adopté l'ordre suivant :

L'étendue, les limites, le climat, les chaînes de montagnes, les fleuves, les provinces, les produits, les défectuosités; les colonies dépendantes et leurs productions; la population; les lois fondamentales, la majorité, la régence, le couronnement; la constitution, les états effectifs; les titres et armoiries, l'état de la cour, les ordres de chevalerie; le Gouvernement du pays; l'état ecclésiastique, l'inquisition; les droits publics; les droits de l'Église; l'état des sciences; les lois, l'administration de la justice; les fabriques et manufactures;

G 2

le commerce intérieur, celui avec l'Europe et les colonies; le système monétaire, la banque de Saint-Charles, l'état des finances, les rentes des provinces, les revenus d'Amérique, le revenu total de l'Espagne, les dettes de l'État; les forces de terre, les forces de mer, les rapports avec les autres puissances.

Meusel fait par-tout deux principales subdivisions :

1.º L'ensemble des provinces, les principales divisions, sous-divisions actuelles de l'État, le pays et les habitans, l'étendue, les limites et la position, les productions;

2.º Le Gouvernement du royaume, sa forme, les parties administratives, les détails sur ces différentes parties dont sept sont spécifiées.

Les auteurs Français de Statistique n'ont, pour ainsi dire, aucun plan, ou du moins chacun a le sien différent (1).

_____

(1) M. Schlœzer me permettra de lui faire observer qu'il juge un peu lestement les statisticiens français. Il

La Statistique du département du Bas-Rhin commence par donner la culture de la garance et du tabac. Vient ensuite la description des forêts, celle des moulins à papier, des imprimeries; l'auteur raconte après l'histoire de la découverte de l'imprimerie, il nomme les titres de tous les livres qui ont été imprimés dans les dix-huit derniers

---

me semble qu'avant de prononcer un arrêt aussi sévère, il aurait dû chercher à connaître tous les ouvrages de statistique faits en France. Parce qu'il lui est tombé entre les mains une mauvaise Statistique du Bas-Rhin, est-ce une raison pour conclure que tous les autres ouvrages de ce genre sont faits sans plan ni méthode ! C'est comme ce voyageur anglais qui, ayant passé une nuit à Tours dans une auberge dont la maîtresse était rouge et acariâtre, écrivit sur ses tablettes : « Tours est une jolie ville, mais je n'aimerais pas à l'habiter; parce que toutes les femmes y sont rouges et acariâtres. »

On pourrait lui citer, comme ouvrages rédigés avec ordre, et écrits avec soin, les Mémoires statistiques du département des Deux-Sèvres, par M. Dupin; les Annuaires statistiques du département de l'Isère, par M. Berriat-Saint-Prix; la Description statistique du département de l'Orne, publiée par le lycée d'Alençon; la

mois à Strasbourg. Il passe à deux autres
articles : les savans célèbres de Strasbourg
et leurs ouvrages, et il finit par faire des
vœux, et proposer, si ce n'est de supprimer
entièrement la langue allemande dans
l'Alsace, au moins d'introduire le français
dans les campagnes; ce qui serait beaucoup
plus avantageux.

---

plupart des mémoires que les préfets ont fait imprimer
sur la demande du ministre de l'intérieur et par ordre
du Gouvernement, &c. &c. Mais je me bornerai à lui
proposer de lire les Annuaires statistiques que M. Bottin
a publiés pour les années 7, 8 et 9, et je ne doute pas
qu'il ne change d'opinion : ce sont d'excellens modèles
pratiques que l'on peut suivre.

Voici les principales divisions que l'auteur a adoptées :

1.º Précis statistique sur le département du Bas-Rhin;
2.º son état politique; 3.º force armée dans le département; 4.º instruction publique dans le département;
5.º établissemens de bienfaisance et de sûreté publique;
6.º économie rurale; 7.º commerce; 8.º navigation;
9.º communications publiques dans le département;
10.º événemens de l'année dans le département; 11.º
nécrologe des hommes recommandables que la mort a
enlevés au département pendant l'année; 12.º état
civil; 13.º population.

Il faut adopter un ordre, un plan et un système complet, si nous voulons que notre science résolve le problème que nous avons en vue, qui est de donner la juste mesure du bonheur des peuples, leur avancement ou leur degré de décadence. Celui qui rassemble des données sur différens peuples, sur leur culture, sur l'économie rurale, et qui les range comme elles se trouvent à la suite les unes des autres, sans ordre, et les présente au souverain ou au public comme un travail statistique, s'éloigne de la marche de la science, et lui ôte son caractère d'unité. Cet ordre n'est pas totalement arbitraire. Les cadres doivent être, 1.º complets; 2.º placés par ordre; 3.º liés les uns aux autres. Tout ce qui constitue les choses remarquables d'un pays doit être rassemblé dans un tableau, et dans un autre on peut inscrire aussi tous les objets détachés; mais les tableaux importans doivent être placés les premiers, et ce qui est le moins curieux viendra à la suite. Je doute si les exemples que j'ai cités plus haut sont exacts et suffisans ; mais au lieu de les critiquer et de les réfuter, je vais rassembler les bases que je prends, et proposer l'ordre que je trouve le plus convenable.

L'essence de tout État s'exprime parfaitement par cette formule, *vires unitæ agunt* [des forces réunies qui agissent de concert]; et tout ce que l'on peut imaginer qui constitue les États, peut être représenté sous ces trois rubriques naturelles, ni plus ni moins.

1.º *Vires* [les forces.] La masse des forces d'un État, la source de tous les biens naturels ou produits par l'industrie, forment la puissance. Je divise ces forces en quatre classes; 1.re les individus; 2.e les terres; 3.e les productions; 4.e l'argent en circulation.

2.º *Unitæ* [unies]. La réunion de ces forces, la forme du Gouvernement, la constitution et la composition de l'État.

3.º *Agunt* [agissent]. L'emploi actuel de la masse de ces forces réunies ; l'organisation du Gouvernement, et des affaires publiques, et l'administration générale de l'État.

Nous pouvons classer dans ces trois principales sections naturelles tous les objets de la Statistique, telles que les observations météorologiques, la culture, le commerce, les hôpitaux, les ordres de chevalerie, la noblesse, ainsi que nous l'indiquerons plus bas.

On voit déjà au premier aperçu qu'il règne un ordre dans l'ensemble de cette marche.

ADDITION.

DANS la Théorie élémentaire de la Statistique que j'ai publiée, il y a quelques mois, j'ai divisé la science en trois branches principales. Je les désigne chacune sous les noms suivans : la première, *Statistique politique* ou *analytique* ; la seconde, *spéciale* ; la troisième, *intérieure*. Je crois que cette division est nécessaire pour mettre de l'ordre dans cette nouvelle étude.

La première branche embrasse tout ce qui concerne la balance des différens États d'une partie du monde, telle que l'Europe, l'Asie, &c. Cette première est destinée à présenter un grand ensemble de faits et offrir des résumés généraux; elle doit aussi donner des tableaux comparatifs des nations qu'elle considère; mais elle n'entre dans aucun détail; c'est ce qui la fait nommer *Statistique analytique*.

La seconde comprend les recherches sur la situation topographique, la nature des ressources, l'étendue et le développement des forces physiques et morales d'un seul pays, tel que la France, l'Espagne, le Portugal, &c. Celle-ci doit faire connaître tous les faits qui sont particuliers à l'état dont elle traite; elle a pris de là le nom de *Statistique spéciale*.

C'est celle-là que l'on pourra faire un jour sur la France, quand tous les préfets auront publié les mémoires statistiques de leurs départemens.

La troisième, enfin, regarde les faits tant particuliers que généraux qui distinguent chaque division d'un grand État, tel qu'un département, un district, un comté, une province, &c. Cette dernière, sans être minutieuse, ne doit négliger aucun des détails susceptibles de quelqu'intérêt; c'est cette dernière branche qui doit servir de base aux deux précédentes, dont elle est distinguée par le nom de *Statistique intérieure.*

Chacune de ces branches doit être traitée d'une manière particulière, et c'est à cela peut-être qu'on n'a pas fait assez d'attention. Qu'arrive-t-il de là? c'est qu'on nous donne tous les jours des compilations énormes, qui renferment quelquefois de bonnes choses, mais qui sont trop volumineuses pour être lues dans leur entier, et qui ne sont que consultées.

Par exemple, si l'on tentait de décrire

l'Europe en détail, comme on décrit un département, mille volumes *in-folio* ne suffiraient pas. Outre que la lecture d'un pareil ouvrage serait insupportable, c'est qu'avant que le travail ne soit fini, un grand nombre de faits seraient devenus inexacts (1).

---

(1) *Voyez* la théorie de chacune de ces branches dans l'ouvrage même.

CHAPITRE VI.

Diverses méthodes de traiter la Statistique.

On peut s'occuper de cette science sous trois rapports différens ; les hommes d'état la créent ; les écrivains particuliers rassemblent les matériaux ; le théoricien emprunte de tous les deux pour fonder une méthode qui convienne aux administrateurs et aux compilateurs.

LES CRÉATEURS.

Quand en viendrons-nous à pouvoir posséder une Statistique certaine de chacun, ou même seulement des plus importans États de l'Europe, publiée et rédigée sous l'autorité publique ? Jusqu'à présent je n'en connais aucune. Il ne peut y avoir aucun doute que ce ne soit utile, même indispensable ; et cela est possible, si l'on adopte mon idée sur une Statistique fondamentale, idée que je vais développer par une fiction.

Qu'on suppose un pays qui soit dans un état barbare, c'est-à-dire où les sciences et les arts n'aient pas encore pénétré : par exemple, la Georgie, la Moldavie, la Valachie, la Galicie, la Lodomerie, la Lithuanie, l'Égypte, la Grèce. Si un de ces pays vient à appartenir à un Gouvernement cultivé, que la conquête en question soit de troisième grandeur, et qu'il ait deux millions et demi de population, on le divisera d'abord en huit provinces, de deux jusqu'à quatre cent mille ames ; et, malgré toute sa barbarie, si dans chaque village, il y a un ecclésiastique et un magistrat quelconque, qui tous deux sachent lire et écrire, après une possession assurée et paisible acquise par des baïonnettes, des canons ou des manifestes, le premier soin du conquérant sera naturellement d'apprendre à connaître son acquisition, soit pour faire du bien dans le pays, soit pour en tirer des impôts. Il obtient cette connaissance d'abord en envoyant et en plaçant les savans dont nous allons parler. 1.° Le mathématicien, à-la-fois physicien, ira mesurer le terrain, et cherchera à en connaître la véritable étendue. Il déterminera la hauteur polaire des lieux les plus importans, et les limites des provinces; outre cela il décrira tout ce que la nature a fait dans le pays, comme le cours des fleuves, la hauteur des montagnes, le climat. 2.° Le géographe s'occupera de ce que les hommes y ont changé; il comptera et nommera les villes, les villages et les principaux chemins; il mesurera et il donnera le nombre d'arpens de terre cultivée, les forêts et les déserts. 3.° Le naturaliste recherchera les produits des trois règnes de la nature, et s'attachera sur-tout à la connaissance des mines. 4.° L'économiste décrira l'économie rurale, comment les hommes se nourrissent, leur manière de bâtir, leurs vêtemens. Il y aura assez peu de manufactures et de commerce dans le pays pour que l'économiste entreprenne d'en donner la description. 5.º On fera compter par les magistrats la population ; on enseignera aux ecclésiastiques à dresser des listes de naissances, de morts et de mariages. Le degré de culture ou l'état sauvage de la nation se montrera de lui-même par les observations des hommes ci-dessus cités , et n'aura pas besoin d'un observateur *ad hoc.*

Ainsi quatre commissaires seront suffisans pour donner une première esquisse. Chacun doit être dans sa partie un maître consommé. L'extension que presque toutes les sciences ont reçues de nos jours ne laisse plus de place à une *pansophie, polyhistoire* et à une universalité de connaissances. Le mathématicien le plus habile n'est pas plus en état de juger ce qui regarde l'économie rurale que ne le serait

un

un poëte; et ainsi des autres branches. Ces commissaires doivent être payés; mais qu'on ne soit pas arrêté par les frais que cela occasionne, parce qu'une seule découverte, telle que celle d'une mine de houille et des sources minérales peuvent les payer avec usure.

L'idée de ces données générales, je l'appelle *Statistique fondamentale*. Plusieurs d'entre elles sont invariables, telles que les hauteurs polaires, souvent les limites, le cours des fleuves, &c. On n'a pas besoin de les répéter dans les descriptions spéciales.

Mais si ces statisticiens emploient dix ans dans leurs travaux, les données qu'ils inscriront ne seront plus que générales, superficielles et à demi exactes. Après viennent les gouverneurs des provinces avec leurs rapports annuels et les annuaires statistiques; ils complettent, rectifient peu à peu, et vont jusqu'aux détails. Les établissemens du Gouvernement se multiplient et se perfectionnent. Toutes les

H

branches de l'administration de l'État ont leur département ; l'administrateur qui ne peut pas être un polyhistorien, extrait les choses nécessaires, et il en fait composer un rapport général par un rédacteur habile: Et maintenant de la description de ces huit provinces, on forme un total, et c'est là ce qui constitue une Statistique fondamentale. Celle-ci sera rectifiée et agrandie annuellement, et tous les cinq ou dix ans on en fera une nouvelle édition. Des détails des huit provinces on extraira des sommes qu'on présentera sous la forme de tableaux, et plusieurs années donneront le terme moyen. Tous les États qui ont des prétentions à la civilisation ont depuis trente ans des calendriers politiques ; est-ce qu'un ouvrage permanent, ou plutôt qui se continuerait sans interruption, comme serait une Statistique fondamentale d'un empire, ne serait pas d'un grand mérite et d'un usage plus général pour le Gouvernement, pour le peuple et les étrangers ?

Si le pays auparavant sauvage vient à
s'élever après une cinquantaine d'années,
qu'il cultive les sciences, et que des écoles
populaires il se forme des écoles plus relevées, telles que des gymnases dans les
villes et des universités pour plusieurs
provinces, combien de collaborateurs se
présenteront au Gouvernement, sans être
appelés, ni payés, pour perfectionner la
connaissance de la patrie ! Maintenant on
se partagera les travaux, l'un vouera sa
vie toute entière à la botanique, l'autre
à la météorologie. Des volumes de descriptions spéciales paraîtront, des observations séparées s'amasseront dans les journaux et almanachs ; chaque province doit
avoir le sien. C'est alors que le superficiel
le cédera à ce qui est essentiel, que la
vérité et l'exactitude avanceront de plus
en plus.

Notre étude a un charme naturel ; elle
flatte la curiosité humaine, un des instincts
innés ; il en faut bien peu pour mettre en

activité ce noble penchant, lui donner la
meilleure direction, et inspirer le goût de
la Statistique à une nation.

Dans la fiction dont je viens de me
servir, j'ai supposé un pays qui devait
totalement sortir de la barbarie. Ces idées
pourraient se réaliser bien plus facilement
dans des pays où fleurit la culture des lettres, bien plus étendue ; dans des empires
qui possèdent des matériaux statistiques
en quantité ; où la grande masse lit des
écrits de Statistiques tant intérieure qu'ex-
térieure, et en fait ses lectures favorites.

Mais, maintenant si cet empire était plus
considérable, et au lieu d'avoir huit provinces, en avait quatre-vingts et plus, le
travail serait immense ; il serait encore plus
nécessaire de le conduire avec méthode. La
science y trouverait d'autant plus d'avantage, si les Gouvernemens daignaient s'en
occuper.   •

Pour ne faire mention que d'un seul de
ces avantages, il y a un ordre universel,

invariable et étonnant dans la vie et la mort de la race humaine. C'est cet ordre que cherchent l'antropologie, le droit naturel, et la science des finances; on ne peut bien connaître cet ordre qu'à l'aide de la Statistique, car il est caché dans les individus, et trompe, considéré en petit; mais quand les données sont générales, il devient visible, et les proportions sont plus certaines entre les naissances et les vivans; entre les naissances et les morts des deux sexes, et même entre les différentes espèces de maladies. Jusqu'à présent il n'y a que trois États qui en aient fait un calcul exact, la Suède, la Prusse et le Danemarck; mais tous les trois ne sont que de la troisième grandeur, même la Prusse jusqu'en 1773. L'Espagne et l'Angleterre, de la deuxième, n'ont rien fait dans ce genre. Les desirs, les vœux de tous, sont tournés maintenant sur les trois grandes monarchies, la France, la Russie et l'Autriche.

Puissent ces vœux parvenir jusqu'à

Saradowski et Chaptal, certainement ils
les rempliront.

LES COMPILATEURS.

TANT que les Gouvernemens eux-mêmes
ne donneront pas au peuple et aux étrangers, des descriptions complètes et authentiques des objets remarquables de leurs
États, ce sera toujours un travail très-
méritoire pour les écrivains qui en feront
l'entreprise. Ils ne peuvent pas créer, ils
sont obligés de compiler. Quoiqu'ils ajoutent des observations à leurs compilations, c'est toujours la même chose. Ils
ne peuvent pas créer, ils ne peuvent que
rassembler ; et ce qu'ils peuvent ajouter de
leurs propres observations est tout-à-fait
insignifiant. Cela suppose déjà une grande
provision de matériaux statistiques, et cela
ne suppose plus un État à demi barbare
comme était la Crimée du temps des
camps. La quantité et la qualité des matériaux, joints à l'habileté des auteurs pour

rechercher et employer ces matériaux, dé-
terminent le mérite des ouvrages et celui
des auteurs.

Les principales questions seront : Quelles
sont les sources d'après lesquelles le statisticien exact créera son plan? Ici commence
la critique de notre science ; elle sera toujours sévère pour peu que les auteurs de
Statistique tiennent à l'honneur. Il est incroyable avec quelle légèreté des statisticiens renommés ont publié des ouvrages
inexacts. Ils rassemblent au hasard des
données incertaines, et ne citent pas les
auteurs ; il faut les croire sur leur parole,
ou ils s'en rapportent à des témoins dont
ils devraient rougir.

Mais cependant pourquoi critiquer seulement les auteurs statisticiens? Les auteurs
géographes et politiques sont sujets aux
mêmes erreurs. De toutes les autorités par
lesquelles les auteurs de Statistique peuvent inspirer du respect pour leurs données, de toutes les sources où ils peuvent

H 4

puiser en cas de besoin , quoiqu'avec des restrictions, j'en compte cinq : les chartres, les manifestes , les écrits officiels , les descriptions de voyages , les gazettes. Nous allons les examiner dans l'ordre que je viens d'indiquer , parce qu'elles présentent plus d'authenticité et de clarté.

1.° *Les chartres :* car la Statistique comme les autres sciences historiques , a ses véritables chartres , qui étaient déjà ouvertes au public , mais qui n'avaient pas été utilisées. Nous avons les collections authentiques des Dumont , des Martens , des Schmawss , des Weuk , &c. , où l'on trouve les pactes fondamentaux entre les souverains et les peuples , les traités de paix, les limites , les alliances qui facilitent extrêmement cette étude essentielle. On a tous les matériaux pour étudier les lois des peuples civilisés. On ne fait nulle part maintenant un secret de la direction et des instructions des conseils des États.

Les collections des lois contiennent des

documens précieux sur la Statistique, relativement à toutes les parties de l'administration des États, qui sont par-tout publiées
et imprimées séparément. Qu'est-ce qui
refuserait de s'en rapporter à ces sources ?
Par exemple, combien la liberté de la
presse ne diffère-t-elle pas en Russie de
celle de Paris et de Berlin ; combien la
contrainte de la presse ne diffère-t-elle pas
de Copenhague à Vienne ? Ai-je besoin
de le demander aux voyageurs ; n'y a-t-il
pas des ordonnances imprimées là-dessus ?
A la vérité ces sources qui sont excellentes
offrent plus d'une difficulté : 1.° il y a
dans la plupart des États une quantité immense de ces ordonnances. Mais combien
de temps et de peines faut-il pour travailler
tous les matériaux ? 2.° Elles parviennent
rarement dans l'étranger, et presque pas
dans le commerce de la librairie ; comment
se les procure-t-on ? De simples extraits
dans les gazettes ne suffisent pas, et la
correspondance des savans devient tous les

jours plus difficile depuis que les Gouvernemens ont commencé à faire une source
de finances des postes qui n'avaient d'abord
été établies que pour l'utilité du public. Cependant dans beaucoup d'États ces sortes
d'écrits sont rassemblés et publiés, et alors
ils sont recueillis dans les bibliothèques et
dans les librairies. 3.° Naturellement elles
sont imprimées dans les langues du pays ;
quelle quantité de langues ne faut-il pas
posséder pour pouvoir connaître toutes les
chartres de l'Europe seulement ? C'est ici
que l'Allemand érudit a beaucoup d'avantages sur toutes les autres nations ; l'étude
des langues lui devient beaucoup plus facile.
Comme Allemand, il peut apprendre aisé-
ment le hollandais, le suédois, le danois,
l'anglais ; et le latin qu'il a appris dès l'enfance le conduit promptement à l'étude de
l'italien, de l'espagnol, du portugais et du
français. Mais l'esclavon lui devient aussi
difficile que l'allemand l'est pour les Français. 4.° Celui qui est assez versé dans une

langue étrangère a encore à connaître la différence de la langue vulgaire à celle des bureaux. On peut lire des auteurs dans une langue assez couramment, et ne pas entendre le style des lois.

2.° *Les publications officielles* : j'appelle ainsi tous les écrits qui ne sont pas diplômes dans le sens rigoureux; mais cependant qui sont publiés sous l'autorité publique directement ou indirectement. A cela appartiennent l'exposition des droits, les calendriers d'État, les journaux même, les articles des gazettes de la cour qui traitent du pays, des rapports que le Gouvernement demande à des administrations, qui deviennent alors des pièces authentiques. Il en est de même des mémoires que publient les ministres dans leurs départemens, quoiqu'ils paraissent sous leurs noms privés, tels que le mémoire de la monarchie prussienne par M. Hertzberg, celui de M. Heynitz sur les produits du règne minéral de la Prusse, celui de M. Necker sur l'administration des finances de la France. Plusieurs pamphlets anglais méritent la même confiance ; car souvent les ministres en fournissent les matériaux, quoiqu'ils ne les composent pas eux-mêmes. J'ai long-temps eu une confiance aveugle à tous ces rapports officiels, je supposais qu'un Gouvernement ne pouvait, sans danger pour son honneur, adopter des rapports notoirement faux de la part de ses employés, et les publier sous son nom. Mais tout ce que j'ai vu depuis vingt ans m'a ôté cette ferme croyance que j'avais. Il y a des temps et des circonstances, où l'on obtient de pareils mensonges sanctionnés, pour les publier, et où la partie lésée est obligée de garder le silence, du moins pendant un certain temps.

3.° *Écrits nationaux :* en opposition aux écrits qui proviennent des étrangers. De nos jours chaque puissance qui a des imprimeries, a un magasin national, et la plupart une richesse de notes concernant ses propres provinces. Mais outre cela l'écrivain de la nation a pour lui le préjugé favorable, et en général c'est à juste titre, parce qu'il connaît mieux sa patrie que tout étranger. En conséquence de ce qu'on étudie la Statistique de Suède sur les écrits des Suédois, celle de Portugal sur des écrits portugais, &c., l'on peut surmonter les difficultés qui se présentent ici comme au numéro premier. Que l'écrivain national, soit par orgueil pour son pays, ou par ignorance de ce qui se fait dans les autres États, parle avec exagération de beaucoup de choses, en falsifie, qu'il cache beaucoup de vérités par crainte ou par intérêt, c'est une chose connue, et qui ne nuit pas à la règle générale. Ce seraient ici les trois sources les plus sûres de connaissances statistiques ; mais elles ne sont pas suffisantes. Les deux autres que nous allons donner sont aussi indispensables ; il faut observer seulement qu'elles exigent une critique encore plus sévère.

4.° *Descriptions de voyages :* c'est ainsi que

je nommerai tout ce qui est opposé aux écrits nationaux, et que l'on rapporte d'un pays qui n'est pas la patrie de l'auteur.

Dans les pays peu civilisés, les descriptions de voyages sont les seules sources ; mais dans ceux qui sont mieux cultivés, ce ne sont que des secours auxiliaires ; cependant on n'en doit faire aucun cas, lorsque le voyageur raconte d'après les ouï-dires. Le public, est surchargé depuis vingt ans surtout, de ces sortes de voyages, et cela ne fait qu'augmenter de jour en jour. La différence est immense entre les excellentes, les bonnes, les passables, les mauvaises et les pitoyables descriptions de voyages. Il faut être un très-habile statisticien pour savoir choisir les faits, les nombres et les choses qui sont à prendre dans les auteurs de voyages. Il y a trente ans que la plupart des Statistiques, que les Allemands écrivaient d'après des voyageurs, n'étaient que des rapsodies ; maintenant ils sont plus difficiles dans leur choix.

5.° *Les journaux* : c'est avec un sentiment de respect que j'écris ce mot. Les
journaux sont un des grands moyens de
culture, par lequel, nous, Européens,
sommes parvenus au degré de civilisation
actuelle. Il n'est donc pas étonnant que les
Français et les Allemands s'en disputent
l'honneur de l'invention. Les hommes ne
pouvaient pas prétendre à en jouir jusqu'à
ce que l'imprimerie et l'établissement des
postes leur en eussent facilité les moyens.
Qu'est-ce que serait notre Statistique nouvelle et journalière, sans les journaux ? Dans
le moyen âge les empires s'élevaient et
s'écroulaient sans qu'on le sût, pour ainsi
dire, à deux cents lieues de là ; on ne l'ap-
prenait qu'au bout de quelques années.

Il ne faut cependant pas s'en tenir à la
seule érudition des journaux, car on resterait dans l'ignorance. . . . .
On doit regarder les collections de journaux comme des moyens auxiliaires, et
non pas de véritables sources.

Je passe de la Statistique générale ou analytique à l'écrivain de Statistique intérieure. Celui-ci utilise les cinq sources que nous avons données; s'il a assez de soin et d'habileté pour les employer avec méthode, il saura faire des Statistiques particulières. Mais les espèces, l'étendue, la forme, l'ordre de ces ouvrages, nommés ainsi, sont très-variés. Je vais nombrer quelques-unes de ces espèces, auxquelles on n'a pas toujours donné le nom qui leur convenait le mieux.

1.º *La Statistique générale de tout un État.* Il serait bon qu'on eût une Statistique la plus complète possible de chaque État; si le Gouvernement ne voulait pas y prêter la main, qu'elle fût au moins composée par un écrivain du pays. Mais jusqu'à présent je n'en connais qu'une seule de Schwartner, c'est la Statistique du royaume de Hongrie, imprimée à Pest, en 1798, *in-8.º*

2.º *La Statistique spéciale de quelques parties*

parties d'un État. Dans les grands États, celle-ci doit précéder l'autre, si l'on veut que la Statistique soit complète et exacte: dans les États dont les différentes divisions n'ont qu'une seule constitution et une seule forme de gouvernement, comme maintenant la France, la seconde et la troisième partie de la Statistique spéciale n'ont pas lieu : mais il n'en est pas de même dans les autres, qui se sont formés par coalition, et où les nouvelles acquisitions ont conservé leurs anciens priviléges. Par exemple, Neufchâtel a une toute autre constitution et administration, que les autres provinces prussiennes.

3.° *Les rapports annuels des préfets en France*, qu'on se plaît à nommer des Statistiques, ne sont pour le moment que des matériaux pour les Statistiques spéciales de leurs provinces respectives, et ne doivent être considérés que comme des travaux particuliers. Si l'on veut classer les matériaux dans un ordre convenable,

I

alors les rapports prendront une place honorable parmi les écrits politiques.

4.° *La Statistique enseignée dans les universités allemandes*, ainsi qu'elle a été enseignée depuis soixante ans à Goettingue, et plus tard aussi dans les autres universités de ce pays. Achenwall n'a décrit, d'une manière abrégée, que huit États européens : le Portugal, l'Espagne, la France, la Grande-Bretagne, la Hollande, le Danemarck, la Suède et la Russie. Le choix n'était pas des plus heureux ; il parut en effet singulier que le père de la Statistique n'eût pas au moins compris l'Autriche et la Prusse parmi les États qu'il traitait pour modèles ; quoi qu'il en soit, plusieurs de ces successeurs en sont restés à ces huit États. Il les fit précéder d'une introduction qui donnait l'idée, les principales divisions et les objets les plus importans de la science. Quelques auteurs plus récens traitent de l'Europe en général, tels sont Toze et Meusel, avant de passer à la description des États en particulier. Toze y a compris la Pologne ; Meusel a décrit dix-huit États de l'Europe ; Luder a éclairci les objets de la Statistique de la manière la plus étendue et avec beaucoup d'érudition. (*Voy.* depuis la page 1.re jusqu'à la 244.e de la 1.re partie de son Manuel.)

5.° *La Statistique raisonnée, ou si l'on veut, la Statistique pragmatique.* À proprement parler, on ne demande au statisticien que des faits. Il n'est pas obligé de développer les causes et les effets ; mais souvent il faut faire mention des conséquences pour prouver que le fait est important en statistique. Cependant en général, sa manière d'exposer restera toujours sèche, s'il ne sait pas lui donner la vie et l'intérêt, en y mêlant l'histoire des causes et des effets. Par exemple, l'Espagne a onze millions d'habitans ; quelle petite quantité pour un pays si fertile, et pourquoi ? tandis que la population était plus forte, il y a trois cents ans ; qu'est-ce donc qui s'oppose maintenant à son accroissement ?

On fera vraisemblablement par-tout une obligation aux gouverneurs de provinces, de désigner aussi les causes des phéno-mènes importans qui arrivent dans leurs arrondissemens, et de faire des rapports pour proposer les moyens d'obvier aux conséquences dangereuses qu'ils pourraient avoir.

6.° *Ancienne Statistique.* On entend par Statistique la situation actuelle d'un pays; pourquoi ne donnerait-on pas aussi les Statistiques du passé ? L'histoire est une espèce de Statistique qui se renouvelle sans cesse; et la Statistique est une histoire qui s'arrête. Séparez les siècles passés, par pé-riodes, de manière qu'on les distingue des précédens et des suivans. Par exemple, la Statistique de la France sous le dernier des Bourbons : quel contraste n'offre-t-elle pas des deux côtés, soit qu'on la compare à l'état actuel de l'Empire, soit qu'on la com-pare avec le siècle de François I.er ou avec le temps des croisades ? En effet, nous avons

déjà des espèces de Statistiques des temps
anciens ; seulement sous des noms dont
personne ne se doute : antiquités de la
Perse, de la Grèce, de Rome, de la Ger-
manie ; &c.

7.° *Statistique du monde.* Je ne comprends
pas ce que Gatterérs veut dire, par son idée
de la Statistique universelle (imprimée à
Goettingue en 1773). L'auteur entend par-
là une Statistique spéciale et individuelle
de tous les États connus dans une période
déterminée. Il en compte de son temps de
vingt-quatre à vingt-six. Il pense, sans
doute, que la série de toutes les Statistiques
fait un tout, comme des perles que l'on
enfile pour en faire un collier. Cet auteur
de diplomatique s'égara dans un champ
étranger, mais l'abandonna peu après.

8.° *Statistique de Busching.* Busching
donna, en 1758, une instruction préliminaire aux connaissances utiles et fondamentales de la position géographique et des
constitutions des États européens ; qui est

en même temps une esquisse générale de l'Europe. Ce petit livre eut beaucoup de succès; il avait eu en 1784, six éditions, et il le méritait en effet. C'est une vraie Statistique, qui n'est pas arrangée par ordre d'États, mais suivant les matières de la Statistique. Par exemple, l'espèce et la grandeur des diverses marines de tous les peuples représentées et comparées les unes avec les autres; les produits de toutes les mines de cuivre en Suède, en Angleterre, en Hongrie, au Japon, &c. Le plan est excellent, parce que les données des pays sur la connaissance desquels nous n'avons que des fragmens, peuvent y être employées; on doit d'autant plus s'étonner que Busching n'ait pas trouvé de continuateur dans ce plan utile, qu'il pouvait mener à faire une Statistique du monde. Liuder fournit, dans l'introduction que nous avons déjà citée, des matériaux importans; ainsi que Beausobre dans son Introduction à la connaissance de la politique.

LE THÉORISTE.

1.º Il y a une théorie de la Statistique; il peut et il doit y en avoir une. N'est-on pas encore d'accord sur ce que c'est que la Statistique; en quoi elle diffère de la géographie, ainsi que des autres sciences qui ont des rapports avec elle? quels objets lui appartiennent, et de quelle manière elle doit les traiter? Eh bien! c'est l'affaire du théoricien de rechercher ces objets, de les établir d'une manière claire et invariable; c'est ce dont je me suis occupé plus haut.

2.º Pour conserver les données déterminées, il faut un art; on dira, peut-être, en quoi consiste-t-il? Le Gouvernement doit tenir un compte exact de l'accroissement ou de la diminution annuelle de la population; mais comment doit-il procéder dans ces détails qui n'ont qu'un objet en vue? A-t-il besoin de savoir le nombre des enfans illégitimes, des jumeaux, la somme des enfans morts-nés, des suicides, des

I 4

noyés? A-t-il besoin de savoir combien il
y a de mâles entre dix-sept et vingt-quatre
ans, et quelle est leur taille? Et comment
saura-t-il tout cela? C'est là où il faut
beaucoup d'ordre. Fera-t-on des questions
au hazard? un seul objet en présenterait
plus de cent. Qu'on introduise donc des
formes de tableaux qui ont le grand avantage que, sur une seule page *in-folio*, on
peut apercevoir d'un coup-d'œil ce qu'on
serait obligé de lire dans plusieurs feuilles.
L'essentiel de ces tableaux, c'est d'avoir de
bons modèles. Le génie dans chaque pays
en inventera de semblables; mais il faudra
du temps avant qu'ils atteignent le plus
haut degré de perfection; car, en effet, ils
sont plus difficiles à faire qu'on ne pense.
Que l'on cherche cette instruction chez les
nations qui depuis long-temps s'en sont
occupées, et l'ont perfectionnée. Que l'on
emprunte aux Suédois leurs listes de population et d'églises; aux Prussiens leurs listes
d'industrie; aux Autrichiens leurs listes

militaires : qu'on les améliore et qu'on les change d'après les localités.

Tous les professeurs de Statistique, dans les universités allemandes, font précéder leurs cours d'une sorte de théorie, mais comme une simple introduction, ou comme des prolégomènes; et se hâtent d'arriver aux huit États dont ils énumèrent les différentes curiosités politiques.

Je traite la chose autrement, et je regarde la théorie comme l'objet principal. J'ajoute à la fin des exemples pour faciliter la pratique de cette théorie. Je donne la Statistique d'un ou deux États, suivant l'intérêt que cela peut inspirer aux auditeurs. Ainsi le commençant apprend mieux que dans l'ancienne méthode, l'art, non-seulement d'étudier la Statistique d'un pays, mais même de la créer, si, par hazard, dans sa patrie, il n'en existait pas, et qu'il se trouvât dans des positions à introduire cette nouvelle science. On doit aussi s'attacher à lui nommer les principaux

auteurs qui ont publié de bons ouvrages
sur les différens objets de la science. Il aura
ainsi une quantité de modèles qui lui pas-
seront sous les yeux, tant bons que mauvais, et qui lui donneront l'idée d'en faire
de meilleurs. C'est ainsi que l'élève pourra
devenir écrivain éclairé, qu'il apprendra à
voyager avec fruit, et saura faire de bonnes
relations.

ADDITION (1).

---

(1) *Voyez* à la fin de l'ouvrage, les formules de
tableaux.

CHAPITRE VII.

Rapport de la Statistique avec l'Histoire, la Politique et l'art des Voyages.

L'HISTOIRE n'est plus seulement la biographie des rois, d'exposé chronologique et exact des changemens arrivés au trône, le tableau des guerres et des combats, le récit des révolutions et des alliances. C'était à-peu-près ainsi que tout le monde écrivait l'histoire pendant le moyen âge; tous nos auteurs allemands ont donné dans ce mauvais goût, et ont écrit l'histoire ainsi, jusqu'à il y a environ cinquante ans, que les Français et les Anglais les en ont corrigés, en leur donnant de meilleurs exemples. Mais quand on posséderait parfaitement l'histoire, qui est une connaissance incontestablement très-utile, ne doit-on pas savoir aussi dans quel état la nation s'est

trouvée dans le temps passé? et n'est-ce
pas le plus intéressant?

Pour savoir si un peuple est heureux
ou malheureux, nous regardons si l'agriculture est florissante, si le commerce et
les autres sources de travail sont dans une
situation avantageuse; si la nation se livre
à l'industrie, ou si elle s'abandonne à la
paresse; les changemens que le Gouvernement fait pour son avantage ou à son
détriment, soit pour l'administration du
royaume, soit dans le système des finances
et ainsi de suite. Or, c'est là ce que nous
appelons les curiosités d'un pays; l'historien doit les faire connaître, c'est son
emploi; il faut donc qu'il soit aussi statis-
titien : ou, en d'autres mots, l'histoire
embrasse toute la connaissance d'un pays
et la Statistique n'en présente qu'une partie.
Qu'on divise l'histoire des siècles passés en
périodes convenables, et que l'on prenne,
dans chacune de ces périodes, les diverses
curiosités des États, dans le sens étroit du

statisticien , de sorte que l'on puisse regarder ce travail comme une Statistique
ancienne des différentes époques que nous
avons citées plus haut.

La politique est la doctrine des États ;
ce simple mot est aussi plein d'idées que
ceux de justice , de nature , de grandeur,
de religion d'un État ; ces mots eux-mêmes,
par leur développement, non-seulement ont
donné chacun naissance à une science qui
leur est propre , mais encore à différentes
sciences d'un tout autre ordre , quoiqu'à
la vérité ayant des rapports les unes avec
les autres ; telles sont la jurisprudence, la
physique, les mathématiques, la théologie.
Il y a donc un cours de politique, comme
un de jurisprudence, de théologie, &c. ; or,
que celui qui veut cultiver cette science ,
suive pendant quelques années ce cours,
et qu'il s'attache à deux principales parties,
celle de l'histoire et celle de la philosophie. La partie historique s'occupe de faire
connaître la condition d'une puissance,

soit dans un temps passé, soit dans le moment présent. Sa situation actuelle, c'est ce qu'enseigne la Statistique; comment il est parvenu à l'état où il se trouve présentement, c'est ce que l'histoire nous apprend. Enfin, le penseur qui aime à rechercher la cause des choses, cultive ensemble les deux sciences.

La partie philosophique a pour but de résoudre le grand problème, comment les États doivent être gouvernés. L'écrivain doit faire connaître l'essence et le but de toute société humaine, appelée *État*; déterminer leur utilité d'après la nature des hommes; spécifier l'esprit des États; établir la juste mesure des droits et des devoirs mutuels des gouvernans et des gouvernés; faire connaître toutes les formes de gouvernemens possibles, indiquer les plus ordinaires, et, suivant ce qu'elles présentent, faire la critique des conséquences.

Il en résulte que toute la partie philosophique se divise naturellement en quatre sciences :

1.º *La métapolitique*, s'appelle aussi une abstraction du droit de la nature, une section de l'antropologie ; où l'homme est peint avant son entrée dans la société, où l'on apprend à connaître son essence corporelle et spirituelle ; ses droits primitifs, où l'on fait voir les raisons qui l'ont forcé à former des États ou sociétés politiques.

2.º *Le droit d'État*, c'est la démonstration par laquelle on fait voir la nécessité de limiter les devoirs et les droits mutuels de la société, par un contrat commun.

3.º *La science de l'institution des États, des formes de gouvernement, de la constitution ;* cette science est historique, tant qu'elle a pour objet de décrire la forme actuelle ou possible d'un gouvernement ; mais elle devient philosophique lorsqu'elle s'attache à déterminer ce qu'il y a de bien et de mal dans un État, d'après les effets nécessaires ou occasionnels.

4.º *La science du Gouvernement, la politique pratique, la connaissance de l'administration de l'État*, s'occupe de la gestion des affaires, démontre le pouvoir, les droits et les devoirs des gouvernans ; fait voir que leur conduite est appuyée sur la nature des choses, ou sur l'expérience ; indique des moyens d'exécution les plus convenables dans la direction des affaires.

On voit facilement la connexion naturelle qui existe entre toutes ces sciences ; elles présentent un tout, et épuisent dans son entier le grand objet de l'art social. Il en résulte donc que, la science du Gouvernement, et la connaissance des constitutions, sont utiles et même indispensables aux statisticiens. Comment pourraient-ils indiquer la qualité essentielle d'une bonne forme de gouvernement qu'ils trouvent, s'ils n'en connaissaient pas d'autres ? comment pourraient-ils traiter de la police, de la justice, des manufactures, des finances, &c. d'un pays, s'ils n'avaient pas pris d'avance des idées exactes sur tous ces objets ?

Mais

Mais s'ils les ont, et qu'ils aient les moyens suffisans, ou qu'un bon Gouvernement les protège, ils commenceront le quatrième cours de leurs études politiques et ils feront des voyages. L'examen de toutes les choses curieuses des États qu'ils n'ont vues que dans des livres, leur procurera un plaisir inexprimable : le grand nombre d'idées qu'ils rapporteront avec eux les dédommagera avec usure ; tous les étrangers instruits, qui se trouveront près d'eux, les aideront à augmenter la masse de leurs connaissances et à rectifier leurs vues, et ils trouveront une sorte d'orgueil et de plaisir à être ainsi payés de leurs peines. L'utilité des voyages doit donc être incontestablement reconnue dans des circonstances convenables, particulièrement pour ceux qui veulent devenir employés de l'État ; c'est le but d'un grand nombre.

Mais s'ils n'ont pas ces idées fondamentales, qu'ils restent chez eux ; qu'ils n'aillent pas faire voir aux étrangers leur

K

ignorance, qui les déshonorerait, eux, leur
famille et leur patrie : car, le plus petit
inconvénient serait de perdre les frais de
leurs voyages ; et ils en reviendraient
aussi ignorans qu'ils étaient lorsqu'ils sont
partis, seulement plus orgueilleux d'avoir
vu une foule de choses, c'est-à-dire de les
avoir aperçues rapidement et d'avoir passé
dessus sans les observer : ils montreraient
des prétentions envers ceux qui, n'ayant
pas pu voyager, n'ont à la vérité pas vu
tous ces objets ; mais qui cependant les
ont étudiés avec attention, et par-là sont
plus versés dans les affaires politiques.
Les voyages intéressent l'honneur de la
civilisation européenne et le bonheur des
peuples.

Il est difficile d'imaginer avec quelle
légèreté jusqu'ici, dans différens temps et
dans différens empires, on a traité la
plus embrouillée de toutes les sciences,
celle du Gouvernement, et comment on
a pu croire que, pour ces sortes d'affaires,

et précisément pour l'administration des places les plus élevées, on n'exigeait pas autant d'années et autant d'instruction préliminaire, de connaissance et d'usage, que l'on en exige pour exercer un état mécanique des plus simples. Par conséquent, les seuls voyages qui se font de cours en cours, avec de savantes instructions dans la poche, pour donner une apparence d'utilité à la chose, ne sauraient rendre capables d'occuper des emplois de l'État ces jeunes ignorans qui ont à peine les connaissances scholastiques les plus indispensables.

K 2

CHAPITRE VIII.

Différentes observations sur la marche qu'a prise l'étude de la Statistique, celle de la Politique savante en général, d'après les Écrivains; comment elle a pénétré dans l'intérieur des Cabinets, et de la tournure qu'elle prend maintenant en Allemagne, en France et en Russie; quelques remarques sur le lord Bacon, Bielfeld et Achenwall.

Dans le Moniteur de l'année passée, n.°. . . . ., à l'occasion de l'appel de M. de Villers aux Français, je trouve le passage suivant :

« Cette science (la Statistique), sans laquelle il n'y a point d'hommes d'État, d'administrateurs, ni même de militaires vraiment instruits, attire maintenant en France l'attention générale. »

Mot dit en temps utile et digne des progrès des lumières de nos jours. Je m'attache à ces expressions, « sans la Statistique, il n'y a pas d'hommes d'État, point d'administrateurs » ; et je desire seulement pouvoir remplacer le mot de *statistique* par celui de *politique*, dans le sens le plus étendu, qui comprend toute la science de l'État ; parce que celle-ci, isolée et détachée du grand tout, n'atteindrait pas le but d'utilité qu'on se propose, et deviendrait trop sèche.

Mais depuis quand est venue cette nouvelle croyance?

Depuis quand a cessé l'opinion que gouverner était simplement donner des ordres, dans le cas où l'on conviendra qu'il y a un art de gouverner, que l'on peut l'apprendre seulement avec du bon sens, par la routine, et machinalement comme les autres arts mécaniques? Depuis quand

les gouvernemens eux-mêmes en sont-ils
venus au point de croire que pour gouverner, proprement dit, comme pour être
juge, médecin ou instituteur, il fallait
posséder des connaissances scientifiques et
en faire une étude particulière, et qu'il
était nécessaire d'organiser des établissemens où les ministres des princes et les autres employés de l'État pussent se former,
chacun dans son genre et par les mêmes
moyens que les savans dans les sciences?
On s'étonnera de trouver combien ces idées
sont neuves, combien il s'est passé de
temps avant qu'elles fussent admises chez
les hommes d'État; et lorsque le besoin
d'une instruction préliminaire fut senti
généralement, quel moyen singulier on
employa alors pour atteindre ce but; combien de temps il a fallu jusqu'à ce qu'on eût
séparé les parties de cette étude si vaste,
l'une de l'autre : l'économie politique de la
science des finances, &c. ; combien plus
de temps encore il s'est passé avant que

toutes les parties peu homogènes entre elles aient été enseignées dans les universités, et jusqu'à ce que les cabinets et les bureaux de l'État aient mis assez de confiance dans cette instruction de l'université, pour demander des attestations d'étude à ceux qui prétendent aux emplois de l'État.

La première trace d'un projet pour préparer les jeunes gens aux emplois politiques, se trouve en Angleterre. *Voyez* l'Histoire de la réformation de d'Église d'Angleterre, par Gilbert Burnet ; Londres, 1679, vol. Ier, page 269. Il dit :

Projet d'un séminaire pour former des Ministres d'État.

« A cette époque (en 1539), beaucoup de personnes présentaient des projets pour fonder des établissemens en faveur des nobles. Le roi parut y prendre grand intérêt ; mais il est probable qu'avant de s'en occuper, il avait tant prodigué ses bienfaits,

K 4

qu'il ne lui fut plus possible de mettre à
exécution ces projets. Cependant je vais en
faire connaître un, qui fait voir la profondeur d'esprit de celui qui l'a conçu : il est
de sir Nicolas Bacon, qui ensuite devint
l'un des plus sages ministres que jamais
cette nation ait possédés.

» Le roi ayant résolu de fonder une
maison pour l'étude des lois civiles et pour
se perfectionner dans les langues latine et
française, donna ordre à sir Nicolas Bacon
et à deux autres personnes, Thomas Deuton
et Robert Carry, de rédiger un plan complet de l'ordre et de la manière dont une
telle maison devait être gouvernée, et de
le lui présenter. Le manuscrit de ce plan
existe encore. Il portait, en substance, qu'il
y aurait de fréquens plaidoyers en langues
latine et française, et que quand les étudians du roi seraient parvenus à un certain
degré de connaissance, ils voyageraient à
la suite des ambassadeurs dans les pays
étrangers, et qu'ils s'instruiraient alors dans

les affaires étrangères; de sorte que cette maison devait être le collége des ambassadeurs. Quelques-uns devaient être désignés pour écrire l'histoire des ambassades, celle des traités, de tout ce qui se faisait au dehors, ainsi que les causes célèbres et les arrangemens de l'intérieur. Mais avant qu'ils pussent écrire sur ces sujets, le lord chancelier devait leur faire prêter serment afin qu'ils écrivissent avec véracité, sans avoir égard aux personnes, ni aux affections particulières. »

Cet excellent projet ne se réalisa pas; s'il eût été bien réglé et bien conduit, il est aisé de sentir quels grands avantages on eût pu en tirer.

Le roi Henri VIII recherche des employés instruits, au moins pour régir les affaires les plus importantes du Gouvernement. Il n'y avait point alors de bourgeois riches qui fissent élever leurs enfans à leurs frais, pour le service de l'État, ils n'y pensaient pas, comme cela a eu lieu long-temps en Russie. Le roi devait lui-même faire la fondation, et les élèves devaient s'appeler pour cela *les étudians du roi*. Et où devaient-ils étudier ? L'Angleterre avait déjà des universités, mais celles-ci étaient alors aussi inutiles pour un pareil but que toutes les autres universités européennes. Et que devait-on leur enseigner ? 1.º La jurisprudence, non-seulement d'une manière théorique, mais encore pratique. De toutes les branches de la science du Gouvernement, il n'y avait jusqu'alors que le droit qui fût traité d'une manière scientifique ; de là l'orgueil des jurisconsultes devant lequel la politique ne pouvait se montrer. 2.º La langue latine qui est nécessaire. Celui qui apprend le latin se remplit la tête de mille autres choses utiles, et s'accoutume insensiblement à traiter tout d'une manière scientifique. 3.º Le français. Cette langue avoit commencé dès-lors, quoiqu'encore peu formée, à être la langue universelle, si ce n'est pas de tous les gens

Instruits , du moins de tous les cabinets. Mais qu'est-ce qui n'est pas étonné de voir qu'on ne fait pas mention de la langue du pays ? 4.º Ils devaient apprendre à connaître les affaires étrangères, auprès des ambassadeurs d'Angleterre dans les cours étrangères, ainsi uniquement par routine. 5.º Quant à l'histoire, ils devaient apprendre à l'écrire eux-mêmes, mais seulement en ce qui concerne les affaires d'État. On n'avait par conséquent, aucune idée de leur faire apprendre l'économie rurale, les sciences du commerce et des fabriques, la science militaire et des finances ; et cependant ce plan si restreint ne fut pas mis à exécution, et plusieurs siècles s'écoulèrent avant que l'école eût l'honneur de contribuer à former les grands ministres d'État de l'Angleterre. La première instruction que ceux-ci ont reçue sur les objets de l'administration, repose dans les actes du Gouvernement depuis le règne de la reine Élisabeth.

Les Allemands avaient déjà fait de grands progrès dans beaucoup de connaissances essentielles à l'humanité; mais la politique savante, aussi bien en théorie qu'en pratique, n'a été cultivée chez nous que très-tard. Nous avions déjà des universités en quantité, et dans quelques-unes d'elles il y avait bien un professeur de politique, vraisemblablement parce qu'Aristote avait donné ce nom à une des sciences qu'il avait créées; mais qu'appelait-on alors *politique!* et que contenaient toutes ces institutions politiques, qui ont paru dans les seizième et dix-septième siècles en Allemagne et en Hollande? Quant à la pratique, les gouvernans, particulièrement les protestans, donnèrent à leurs enfans une éducation littéraire; les instituteurs étaient, suivant l'usage des candidats, au ministère de l'église; et tout ce qu'ils pouvaient enseigner à leurs élèves se réduisait au catéchisme et au latin.

Après la guerre de trente ans, à-peu-près depuis 1650, il arriva dans ceci, comme dans beaucoup d'autres choses, une révolution. Nos princes et les riches de notre noblesse, sentirent l'insuffisance de l'éducation précédente, et son inutilité totale pour la destination future de leurs enfans : ils commencèrent, éloignant leurs fils du catéchisme et de Cornélius Népos, à les envoyer, non aux universités : qu'y auraient-ils fait ? mais en France, en partie pour apprendre le français et les belles manières ; en partie aussi pour apprendre les mathématiques, l'architecture, la tactique militaire, &c. ; car il y avait déjà des moyens d'instruction pour toutes les sciences dans Paris. Ces voyages des nobles allemands en France, et pour la plupart, seulement dans ce pays, ont été de mode générale pendant quatre-vingts ans, et ont eu une influence incroyable, et pour la plupart du temps, désavantageuse sur toute notre nation. Les jérémiades que de braves allemands ont faites depuis long-temps, sur ces prétendus voyages de chevaliers, en vers et en prose dans une foule d'écrits, ne sont que trop connues.

Beaucoup plus tard, à-peu-près au commencement du dix-huitième siècle, on entendit parler de princes, de comtes et de chevaliers, qui fréquentaient les universités; mais pas celles de l'Allemagne: celles de Hollande, de Leide, Utrecht, où Otto enseignait une sorte de statistique, et les établissemens d'instruction de la Suisse, de Genève et de Lausane. A la vérité, les universités allemandes n'étaient pas encore dignes de l'honneur de former de futurs gouvernans et des hommes d'État.

Elles formaient certainement de très-bons instituteurs, de très-bons juges, de bons médecins, mais point de conseillers des finances, et par cette raison-là, ceux-ci étaient pris généralement dans les bureaux: les secrétaires de cabinet des ambassadeurs s'instruisaient dans les universités.

Vraisemblablement, l'étude *de Notitia rerum publicarum*, qui fut mise en vigueur dans les années 1670 jusqu'à 1680 à Helmestaedt par Conring, à Jena par Bose, et à Francfort sur l'Oder par Becman, aurait embrassé en peu de temps les autres parties des cours politiques ; mais le despotisme sauvage, qui alors se déchaîna sur nous et qui étouffa la science dans son germe, nous recula d'un demi-siècle.

Il ne nous vint alors aucun secours de l'étranger. L'Angleterre, à la vérité, depuis l'année 1640 jusqu'en 1740, vit bien paraître différens écrits politiques, dont plusieurs ont un grand mérite ; mais pendant ce temps, la langue anglaise était moins connue des savans allemands, que la langue russe ne l'est maintenant. La langue française leur était plus familière ; malheureusement l'*Esprit des lois* reposait encore dans la tête de Montesquieu.

Enfin, cette étude s'éleva, par divers degrés, jusqu'à nous, s'introduisit dans nos universités, mit en harmonie la théorie et la pratique, et changea visiblement la manière usitée jusqu'alors pour former les hommes d'État.

1.º Le roi économe, Frédéric Guillaume I.ᵉʳ, fonda, en 1727, des chaires de professeurs d'économie politique. Un savant auteur en avait déjà conçu le projet. Ce monarque avait recommandé ces cours à tous les étudians, et promettait à tous ceux qui s'attacheraient à ces sciences, qu'à cause de cela, on penserait à eux lors de la distribution des emplois.

Comme le mot *économie* n'avait alors aucune idée fixe, et signifiait une foule de choses, on ouvrit par-là la porte à toute la politique pratique dans l'instruction des universités ; il s'ensuivit cette singularité que, dans la suite, on traita toute la science des finances, et de divers objets encore plus hétérogènes, comme des parties de l'économie.

2.º On avait déjà rassemblé un magasin considérable

considérable de bons écrits allemands dans toutes les parties de la politique. Nous lûmes et mîmes à profit ce que les Anglais, les Français et les Italiens nous enseignèrent ; il était bien temps de mettre en ordre ces matériaux, c'est-à-dire, d'après l'usage des professeurs allemands d'écrire dessus des *compendia*.

Deux auteurs allemands en conçurent l'idée à-peu-près en même temps vers l'année 1760. Le premier, un baron de Bielfeld, courtisan, mais qui n'était pas professeur, publia *les Institutions politiques, &c.*, à la Haye.

Voici ce qu'il dit, *page 3, S. 5 :* « On ose se proposer de réduire la politique en système, de rassembler les excellens matériaux qu'on trouve épars, d'y joindre ses propres lumières et son expérience, de consulter l'histoire et les hommes d'État ; et d'en faire, s'il est possible, une science qui puisse être enseignée de bonne heure aux princes par leurs précepteurs, et à la

L

jeunesse en général dans les chaires de professeurs. C'est ainsi que les Grotius, les Puffendorff, les Wolff, en ont agi à l'égard du droit des gens et du droit de nature......» Le seul mérite auquel on aspire, c'est celui d'avoir été le premier qui ait entrepris de traiter cette matière sur un plan systématique. On invite les maîtres de l'art à le perfectionner. *In magnis voluisse sat est.*

Ébendas, *page 4, §. 6.* On ne craint pas le reproche des petits maîtres littéraires qui traitent de pédanterie tout ce qui est systématique. Un système n'est fait que pour faciliter l'étude d'une chose, pour venir au secours de celui qui s'y applique, pour mettre de l'ordre dans son esprit, pour faire que tous les objets, dont l'expérience l'enrichit chaque jour, trouvent leur place naturelle et convenable dans sa mémoire, et pour abréger ainsi les fatigues pénibles qu'un homme est obligé de se donner, lorsqu'il veut se procurer des

connaissances d'une manière confuse et
sans méthode. Le pédantisme raisonnable
mène au savoir solide, tandis que la simple
lecture ou l'étude superficielle ne conduit
qu'au clinquant ; et le jargon éblouissant
de quelques génies heureux, qui saisissent
promptement la superficie des sciences,
disparaît souvent avec honte vis-à-vis d'un
homme profond. Bielfeld qui était citoyen
de Hambourg, d'une famille commerçante,
mort en 1770, avait eu des liaisons avec
Frédéric-le-Grand, pendant que celui-ci
demeurait à Reinsberg : il devint ensuite
instituteur du prince Ferdinand, et fut
créé baron. Ce Bielfeld a l'honneur d'avoir
introduit le premier dans les cours la politique savante des publicistes. Il était en effet
lui-même un érudit profond, et joignait à
cela la politesse d'un courtisan. Il a écrit
en bon français, et son style est par-tout
agréable et coulant. Il envoya son livre
dans toutes les cours, et le fit remettre à
Catherine II, qui, en récompense, lui

envoya l'ordre de Sainte-Anne. Il fut lu par
des gouvernans, des ministres, des hommes
de cour, qui jusqu'alors ne s'étaient guère
embarrassés des ouvrages de Justi et des
autres écrivains allemands. Un grand nombre conçut peut-être, pour la première
fois, l'idée que la politique savante, quoiqu'il y ait de mauvais ouvrages sur cette
matière, ne serait pas sans utilité pratique
pour l'art de gouverner. Au reste, Bielfeld
n'a rien moins que donné un système complet d'un cours de politique, quoiqu'il en ait
eu la prétention. A la vérité, il a parlé de
la plupart des objets de cette science, mais
il en a traité beaucoup seulement d'une
manière superficielle, tout cela sans ordre,
et encore sans avoir séparé les parties essentiellement différentes l'une de l'autre. Il
traite dans quatorze pages le droit public
et les connaissances des constitutions. Sa
troisième partie, qui ne parut qu'après sa
mort, peut être regardée comme une sorte
de Statistique des États européens. Par

exemple, ce qu'il dit de la situation de quelques États en Europe, doit dégoûter tout lecteur pensant de faire des prophéties politiques. Cependant ce serait une ingratitude impardonnable, si l'on voulait reprocher toutes les fautes à celui qui, le premier, a osé frayer la route. Nous sommes venus quarante ans plus tard ; nous serions bien ignorans, si nous n'avions pas fait quelques pas en avant. Cet auteur a toujours eu le mérite d'avoir mis en vogue, chez les grands, le gout des connaissances politiques.

C'est ainsi qu'un homme qui a fait époque dans ce genre là, le professeur Achenwall, a introduit dans les universités d'Allemagne la politique, mais dans un tout autre sens que ce que l'on entendait par ce mot. (*Voyez* son ouvrage intitulé : *Conduite d'un État* , imprimé en 1761.) Il dit, dans sa préface, *page 1.re* :

« Enfin j'ai hazardé de composer un système de politique après avoir rassemblé

L 3

pendant plusieurs années les matériaux qui appartiennent à cette science ; et après avoir fait sentir plusieurs fois, combien j'étais fâché qu'elle eût été négligée dans les universités ; c'est ce qui m'a déterminé à composer le présent traité pour servir de guide à mes cours. Mon premier but est de donner principalement une énumération, une pure notice de tous les principaux objets qui composent cette science, mis dans un ordre convenable. »

Ce digne auteur qui n'a point été méconnu de ses compatriotes, mais qui est resté ignoré des étrangers, et qui dès l'année 1749 avait séparé la Statistique du chaos politique, écrivit un *compendium*, quoique ce titre ne fût pas très-convenable, encore plus maigre que ne le sont ordinairement les *compendia* des professeurs allemands, une pure notice des matériaux nécessaires, où il y avait des lieux communs avec plus de méthode, d'ordre, d'étendue, que n'en avait l'ouvrage de

Bielfeld. Après une terminologie plus déterminée, il traite de la politique en général, où il cite encore Bielfeld, ensuite
il parle de la métapolitique, du droit public et de la science des constitutions.
Tout le reste, c'est la politique pratique ou
la science du Gouvernement. Depuis ce
temps, 1761, la politique a pris, chez
nous autres Allemands, une nouvelle
forme, a produit une nouvelle manière
d'étudier, et a agi sensiblement sur les
Gouvernemens. Je vais hazarder de faire
quelques observations sur ce sujet.

Des écrits politiques en Allemagne. Dans
l'étendue immense de cette science, il n'y
a peut-être pas une seule partie qui n'ait
été retravaillée par des écrivains allemands.
Justement, c'est là un de nos côtés les plus
favorables, et justement c'est aussi là un
des côtés où nous sommes moins connus
des étrangers. Les étrangers honorent à
la vérité notre littérature depuis plusieurs
années, et la citent quelquefois ; mais

malheureusement pour notre pays, ainsi
que pour les autres peuples du nord, ils
s'adressent à des correspondans qui se rè-
glent sur les poëtes, les romanciers et les
auteurs; et qui rapportent à leurs com-
mettans, par exemple, les vers que font les
Russes, et non pas les découvertes qu'ils
font dans l'histoire naturelle et dans la
géographie. Il y a encore un autre inconvénient. Il y a un siècle, nous avions la
mauvaise réputation de ne faire que des
volumes *in-folio*, à présent c'est tout le
contraire. Dans l'état actuel de la littérature
allemande, on dépose dans les discussions
des universités et dans les programmes,
dans les journaux et dans la foule immense
de pamphlets de toute sorte, des idées qui
peuvent être considérées comme une extension de la science, et qui peuvent servir
à rectifier des travaux plus considérables.
Nous avons peu de grands ouvrages comme
celui de Busch sur la circulation de l'argent; mais nous avons des milliers de

petites compositions sur des objets séparés, qui ne parviennent pas à la connaissance des étrangers. Nous-mêmes nous ne les utilisons pas assez : il ne s'est pas encore rencontré un nouveau Bielfeld ou Achenwall qui ait rassemblé les matériaux importans accumulés depuis quarante ans pour les mettre en ordre et en former un système ; ou, en d'autres mots, nous n'avons point encore un *compendium* de la politique en général, qui serait possible, mais qui exigerait beaucoup de peines et de soins.

Politique des universités, ou manière dont cette étude a été traitée dans plusieurs universités d'Allemagne. Nous avons commencé à diviser cette science en différentes branches. Le droit public universel, qui n'a d'abord été considéré que comme un appendice du droit de nature, est traité en particulier avec la doctrine des constitutions. La science des Gouvernemens, ou toute la politique pratique dans sa grande étendue, ne saurait être traitée dans un semestre. Quelques principales parties, nommément la police, l'économie politique, la science des finances, sont traitées sous le nom de *caméralistique*. Dans le cours de diplomatie, auquel on a joint des exercices pratiques en faveur de ceux qui ont des vues pour la brillante carrière diplomatique, on exerce les élèves à faire des rapports de vive voix, et par écrit, tels qu'on en a besoin dans les ambassades, en langues française et allemande.

La Statistique et l'histoire ont leur cours particulier, ainsi que la technologie qui tient beaucoup à la *caméralistique*, sans parler ici des sciences auxiliaires, des langues, des mathématiques, de l'économie, et d'un aperçu de la jurisprudence positive; c'est ce que nous nommons faire un cours de politique, et nous employons pour ces objets d'instruction, nous autres Allemands, deux ou trois ans dans nos universités.

Cependant un professeur du corps des

cadets publia l'avis suivant à Paris : « On fera en faveur des jeunes gens qui se destinent aux affaires d'État un cours de sciences politiques, comprenant les principes du droit naturel, de la jurisprudence universelle, du droit des gens, de la politique proprement dite, du droit public de l'Europe, et de celui de l'empire germanique en particulier, avec une exposition succincte de l'histoire, de la politique, et de la constitution des principaux États de l'Europe, des intérêts des princes et des devoirs d'un ambassadeur ou ministre public. Ce cours durera quatre mois, et les leçons auront lieu trois fois la semaine. »

Éducation politique : c'est-à-dire, comment se forment ordinairement en Allemagne les jeunes gens qui ne sont pas destinés seulement aux trois anciennes principales classes d'employés, instituteurs du peuple, juges, et médecins ; mais aussi à des fonctions politiques dans le sens le plus strict, telles que conseillers des finances, maîtres des forêts, secrétaires de légation, ministres, et quelles sont leurs études préliminaires ? Elle se divise en cinq cours :

1.º Les études de l'école ordinaire jusqu'à l'âge de dix ou douze ans ;

2.º L'élève passe ensuite dans le gymnase (1) ; il y apprend les langues latine, grecque, et les premiers élémens de la littérature ; il embrasse aussi la géographie et l'histoire.

3.º Maintenant, depuis l'âge de seize ans jusqu'à dix-huit, il fréquente une université, où il poursuit ses études dans une partie spéciale des sciences relativement à sa vocation future.

4.º S'il appartient à la classe des gens riches, après avoir fini ses cours, il va voyager. Peut-on nier l'utilité des voyages, après de telles études préliminaires ?

5.º De retour de ses voyages ou de l'université, il se présente à une administration du pays ; il est examiné plusieurs fois dans

_____

(1) C'est une espèce de lycée.

les sciences auxquelles il s'est voué, et il rapporte des attestations de ses maîtres.

N. B. En Prusse et dans le pays de Hanovre, les examens sont très-sévères. Si l'élève a du succès, il est employé comme auditeur, ou surnuméraire, &c. C'est ainsi que les jeunes gens se préparent à administrer les affaires d'État.

J'appelle cela l'*éducation allemande*, qu'on pourrait appeler *germanique*; car elle est de même chez les Danois et les Suédois. Cette éducation allemande se distingue des autres États cultivés, par quelque chose de particulier, principalement par le troisième cours, que nous nommons *études*; car, jusqu'à ce jour même, en Russie, cette troisième partie a été négligée. Cependant on s'occupe de perfectionner les études dans ce pays-là maintenant. Ainsi qu'en France et dans l'Amérique septentrionale, tout est en fermentation, et l'on voit facilement que tous ces établissemens sont organisés à l'instar des nôtres. Je rendrai peut-être service à quelques lecteurs étrangers, en leur expliquant ces mots, propres à notre nation, *étudier*, *étudians*, *université*.

Lorsque je disais à des étrangers qu'il y avait chez nous peu de régences où dans toutes les parties de l'administration de l'État, les membres qui la composent, depuis le président jusqu'au simple employé de bureau, n'eussent étudié, ils ne pouvaient me comprendre. Dans le fait, aucune langue moderne, à l'exception des langues allemande, suédoise et danoise, n'emploie le mot dans le même sens que nous; et le mot français, *étudier,* est encore aujourd'hui, dans cette signification, un germanisme. Les Russes ont le mot *apprendre,* qu'ils appliquent aux enfans qui vont à l'école, comme aux étudians; mais l'artisan allemand, auquel on demande si son fils va à l'école, ou est déjà en apprentissage, répond, avec orgueil : non, il étudie ou il va étudier. Il n'y a pas jusqu'à la signification de notre mot *université*, qui n'ait été long-temps mal entendue des étrangers. Des jeunes gens de dix à douze ans, apprenaient à l'université de Paris le latin et la littérature classique, connaissances fondamentales que l'on enseigne chez nous dans les gymnases (1) ; ils la quittaient à seize ans, tandis que c'est à cet âge qu'ils y entrent chez nous.

Notre manière d'étudier en Allemagne, a d'autres qualités qui ont fait souvent l'étonnement de l'étranger, 1.º Le nombre des étudians est très-grand : on peut compter dans un pays où toute la population s'élève à un million, qu'il y a six cents personnes qui étudient annuellement; c'est un sur seize cents. Il y aurait donc, dans un grand peuple de vingt millions d'hommes, douze mille étudians. 2.º Toutes les classes chez nous étudient, sans distinction d'état; les riches comme

---

(1) C'est une erreur de la part de l'auteur.

les pauvres, les nobles comme les bourgeois : car il n'y a de places exclusivement
réservées aux classes supérieures que les
emplois de la cour. La faveur et la parenté
peuvent bien, ici comme ailleurs, avoir
quelque influence, mais celle de la naissance est visiblement moins grande qu'autrefois. D'un autre côté, notre noblesse
commence à étudier, avec un zèle digne
du bon citoyen : elle fait précéder, par de
bonnes études, les droits que sa naissance
lui donne aux emplois, et se maintient
ainsi dans l'influence que lui a acquis son
état. Les frais des études ne retombent
pas à la charge du Gouvernement ; mais
ce sont les parens qui les supportent.
L'État a-t-il besoin d'un instituteur ou d'un
secrétaire ? il s'en présente dix pour un,
parmi lesquels il a le choix, et dont l'éducation préparatoire, souvent très-dispen-
dieuse, ne lui a rien coûté. Du temps de
Louis XV on comptait qu'un officier, sor-
tant de l'école militaire, avait coûté au
roi,

roi vingt mille livres. Et quelle somme
n'a pas employé de tout temps le Gouvernement russe pour former des individus
propres à devenir des employés de l'État ?
Il y a par-tout des bourses ou d'autres
moyens d'entretien ; mais ils ne sont pas
en assez grand nombre et ne produisent
pas assez, pour qu'avec leur seul secours
on puisse étudier : quelques États font ici
exception. On a calculé dernièrement que,
dans la seule ville de Vienne, il y avait
un capital de fondation pour les étudians
(sans doute pour ceux qui se destinent au
service ecclésiastique), s'élevant à quatre
millions et demi de florins, dont les rentes
annuelles faisant cent quatre-vingt mille
florins, sont toutes partagées comme bourses aux étudians.

On a, depuis peu, publié des calculs
statistiques sur plusieurs de nos universités : il est à desirer qu'il en paraisse tous
les jours de nouveaux ; car ils donnent
lieu à des conclusions importantes.

M

Dans le grand électorat palatin bava-
rois, composé à-peu-près de deux millions
d'ames, on comptait, en 1802, dans deux
universités et cinq gymnases, douze cent
quarante quatre étudians effectifs ou destinés à étudier; parmi lesquels se trouvaient
deux cent quarante-quatre nobles, six cent
soixante-cinq bourgeois et trois cent trente-
cinq de la classe des paysans; ce qui donne,
sur trois individus, deux riches pour un
pauvre. Ce nombre même, en défalquant
les élèves des gymnases, est beaucoup trop
grand pour un pays de deux millions
d'hommes, et fait tort aux autres métiers;
aussi le Gouvernement a-t-il pris des mesures sévères pour diminuer le nombre des
étudians; et il a déjà diminué dans la classe
des bourgeois, tandis qu'il a augmenté
parmi les paysans, qui se sont enrichis
par la chèreté des denrées, pendant ces
dernières années.

Le royaume de Suède, sur trois millions
d'habitans, comptait, dans l'automne de

1802, dans ses trois universités d'Upsal, d'Abo et Lund; en tout dix-huit cent quarante étudians, parmi lesquels il y avait quatre-vingt-cinq nobles, près de cinq cents fils de ministres du culte et trois cent trente-six de l'ordre des paysans. Cependant, dans la somme totale, il y en avait cent quatre au-dessous de quinze ans et trois cent quarante-trois au-dessus de vingt-cinq jusqu'à quarante et au-delà. Ces quatre cent quarante-sept défalqués, nous donnent treize cent quatre-vingt-treize étudians effectifs, parmi lesquels, cent dix sont des boursiers de la générosité du roi, et cent trente-huit de fondations particulières.

A Goettingue, dans l'été de 1784, on avait immatriculé cent soixante étudians en tout, parmi lesquels il y avait un prince, cinq comtes, vingt-sept nobles et trente-un bourgeois; le reste était composé d'étrangers.

J'ai voulu rapporter ces calculs comme preuves justificatives de mes données précédentes.

M 2

Je passe ici sous silence d'autres qualités distinctives qui ont une influence
bienfaisante, non-seulement sur les succès de nos universités, mais aussi sur la
prospérité de toute la littérature allemande;
M. de Villers les a fait connaître dans le
Spectateur du nord. Par exemple, on s'ef-
force de créer de véritables universités des
lettres, et de soigner l'instruction autant que
possible, dans tous les genres de science;
de concentrer les établissemens d'instruction dans un seul lieu où ils puissent
s'aider réciproquement avec plus de facilité, que s'ils étaient isolés. Outre cela on
a cherché à rendre la manière d'enseigner
aussi claire et aussi applicable à la pratique
que possible, afin que les jeunes gens qui
ne se destinent pas à l'état de savans, proprement dit, puissent la mettre à profit,
tels que ceux qui ont en vue le commerce,
les manufactures, &c. D'ailleurs, les professeurs ne sont pas fixés dans un seul en-
droit; ils passent d   .e université à l'autre;

Ils ne sont pas bornés dans leur traitement; mais au contraire, ceux qui se distinguent par leurs talens, leur zèle ou par leur réputation, reçoivent des augmentations de temps en temps, ou bien ils sont appelés à des places plus avantageuses. Les administrateurs cherchent à les attirer, en leur offrant de plus forts traitemens, ce qui met l'émulation parmi eux.

On a formé en France un nouvel établissement qui ressemble, à-peu-près, à notre corps d'auditeurs, que j'ai trouvé dans l'exposé de la situation de la République de 1804.

Au Conseil d'état, une nouvelle institution prépare, au choix du Gouvernement, des hommes pour toutes les branches supérieures de l'administration. Des auditeurs s'y forment dans l'atelier des réglemens et des lois; ils s'y pénètrent des principes et des maximes de l'ordre public. Toujours environnés de témoins et de juges, souvent sous les yeux du Gouvernement, souvent

dans des missions importantes, ils arrive-
ront aux fonctions publiques avec la ma-
turité de l'expérience, et avec la garantie
que donnent un caractère, une conduite
et des connaissances éprouvés.

Les efforts extraordinaires que l'on fait
à présent en Russie pour l'avancement des
lumières en général, ainsi que pour former
les nationaux à devenir des employés de
l'État, excitent l'admiration universelle,
et nous en font espérer les suites les plus
heureuses. On sentira d'autant plus l'avantage de cette nouvelle marche, lorsqu'on
aura jeté un coup-d'œil sur ce qui s'est fait
à cet égard dans les cent dernières années.

Pierre I.er trouva un grand peuple aussi
ignorant, sous le rapport de la civilisation,
que l'était l'Europe dans le quatorzième siècle. Il n'y avait pas une seule école, pas une
seule université; car on ne doit pas compter pour quelque chose l'école de Kew et
les séminaires ecclésiastiques. Depuis long-
temps ce grand homme avait formé le plan

d'établir son administration d'après le mo-
dèle de celles de Suède et de France ; il
avait pour cela besoin d'employés savans,
ou au moins instruits. Mais où pouvait-il
les prendre ? La composer entièrement
d'étrangers, cela n'était pas possible ; former
les nationaux successivement depuis l'âge
de l'adolescence, cela aurait été trop long ;
il ne trouva d'autre moyen que d'indiquer
aux hommes faits, comment ils devaient se
former par routine à l'exemple des militaires ; et à cette fin ils furent obligés de
servir un certain nombre d'années dans les
emplois inférieurs. On trouve cette mesure
remarquable dans son *Ordonnance des rangs
de 1722.*

N.° 13 du texte. « Comme les employés
civils n'ont pas été classés jusqu'ici sur un
pied certain, de sorte que presque personne,
ou du moins très-peu de gens, ont servi
dans l'ordre convenable en montant de bas
en haut, et que cependant la nécessité exige
d'établir des fonctions civiles supérieures,

on devra avoir égard à la capacité de chacun, quand même il n'aurait été revêtu jusqu'ici d'aucun caractère; mais les officiers militaires qui ont acquis leur rang par des services pénibles de plusieurs années, verraient avec peine qu'on plaçât à côté d'eux, et même plus haut, d'autres personnes qui n'auraient rien fait. Tout homme devra dans son état mériter son rang par le nombre des années, comme il sera prescrit plus bas. A cet effet, le sénat devra donner au procureur général les noms de ceux qui ne sont pas parvenus aux emplois civils conformément à l'esprit de cette ordonnance, afin que les procureurs fiscaux aient à régler les rangs de ces employés suivant le vœu de cette loi. Et afin que dans la suite les places vacantes soient remplies dans le même ordre que dans l'état militaire, il doit y avoir à l'avenir auprès des colléges de l'État, six, sept, ou plusieurs personnes en qualité de cadets, et on aura soin de n'en pas recevoir d'autres avant que ceux-ci soient placés.

N.º 14. » Les enfans des nobles doivent être avancés dans les colléges administratifs, et commencer à servir l'État en qualité de cadets de ces mêmes colléges, être examinés par eux, être présentés au sénat, et en recevoir une patente.

» Quant à ceux qui n'auront point étudié, et qui seront reçus à défaut de personnes qui ont étudié, ils commenceront en qualité de cadets titulaires, et demeureront sans rang jusqu'à l'année où ils seront créés cadets effectifs; savoir, en qualité de caporal un an, en qualité de sergent un an, en qualité d'enseigne un an et demi, et ensuite seront nommés cadets effectifs; après cela ils seront lieutenans un an, et resteront deux ans dans les rangs de capitaine-major et de lieutenant-colonel, et enfin dans celui de colonel trois ans et demi. — Dans les années de service de caporal et de sergent, ils devront apprendre dans le collége ce qui est nécessaire pour faire des rapports juridiques, et des travaux semblables sur le commerce intérieur et extérieur, ainsi que sur l'économie rurale, parties dans lesquelles ils devront être examinés.

» Quant à ceux qui auront fait de grands progrès dans ces sciences, on les enverra dans les pays étrangers pour s'y rendre encore plus habiles par ce qu'ils verront, et ceux qui pourront dans leur partie rendre des services particuliers, seront avancés en raison de leur zèle, comme cela a lieu dans le collége de la guerre. Cependant cet avancement ne pourra avoir lieu que dans le sénat et avec notre consentement. »

Il ne se trouvait pas alors de Russes éclairés ; car, où et comment auraient-ils étudié ?

L'ordonnance de ce grand homme a-t-elle été suivie dans les quatre-vingts années suivantes de 1722 jusqu'en 1802, ou a-t-elle été négligée comme tant d'autres? c'est ce qu'il est bien difficile pour un étranger de décider. On ne peut que faire l'observation suivante ; on se servit, dans les vingt premières années, d'employés civils étrangers, principalement d'Allemands, qui, à cette époque, accoururent en foule en Russie, et qui firent une fortune plus ou moins méritée. Mais il est visible que l'on fit peu de chose pour la civilisation des naturels du pays. Élisabeth haïssait les Allemands, et leur préféra des Français dans toutes les places où elle avait besoin d'étrangers : elle porta un coup mortel à la civilisation par un ukase, qui défendit d'avancer les bourgeois, dans aucun collège de l'Empire, à un rang plus haut que celui de secrétaire.

Depuis ce temps, l'éducation fut réglée à-peu-près de cette manière. Les nobles riches entretinrent et payèrent, avec une libéralité vraiment prodigue, près de leurs enfans, des instituteurs ou des gouverneurs qui étaient souvent des officiers français

qui avaient quitté le service, et plus souvent encore de simples artisans, tels que
des valets-de-chambre et des perruquiers.
Mais l'esprit d'Alexandre I.er s'est fait sentir
dans toute la Russie. Toute l'Europe reten-
tit des heureux changemens qui se sont
faits dans son Empire. Il est clair que les
nouveaux établissemens d'instruction sont
calqués sur nos établissemens allemands :
on a suivi la gradation entre les écoles, les
gymnases, les universités et les voyages;
et, dans beaucoup de points, ce sont des
copies perfectionnées, par exemple, dans
ce qui regarde la quotité des dotations.

Au premier abord, on a assigné à chacune des quatre universités nouvelles ou
nouvellement réformées, Saint-Péters-
bourg, Moscow, Kasan, Charcov, sans y
comprendre Vilna et Dorpat, un fonds
de cent trente mille roubles de revenu annuel, en outre quarante-deux gymnases
et quatre cent cinq écoles de cercles; et
en tout, le Gouvernement a accordé à

l'instruction publique, un million trois cent dix-neuf mille quatre cent cinquante roubles de revenu annuel ; et l'on projette un établissement particulier pour les affaires étrangères.

ADDITION au Chapitre VI.

J'AI pensé que mes lecteurs me sauraient gré de reproduire ici les formules de tableaux qui ont été données, par le ministre de l'intérieur, à tous les préfets des départemens de la France, pour servir de types aux Mémoires statistiques que le Gouvernement fait faire ; je les regarde comme d'excellens modèles qu'on ne saurait trop faire connaître. Ceux qui voudront les prendre pour servir de cadres à leurs travaux statistiques, et que leur position ne mettra pas à portée de se procurer des données aussi étendues, n'auront qu'à supprimer les titres des objets sur lesquels

ils n'auront pu se procurer de renseignemens exacts. Je ne rapporterai pas ici les
notes qui étaient jointes à ces formules,
parce qu'il me semble qu'elles deviennent
inutiles pour ceux qui liront avec attention
cette Introduction à la science et la Théorie
élémentaire que j'en ai publiée il y a quelques mois; d'ailleurs, on peut les voir dans
le premier numéro des annales de Statistique où se trouvent ces mêmes tableaux.

CHAPITRE PREMIER.

DÉPARTEMENT d   TABLEAU UNIQUE.

TOPOGRAPHIE.

Description topographique du Département d

Rivières principales............ {
Leur nom.
Direction de leur cours.
Leur étendue sur la surface du département.
Poissons qui s'y trouvent.

Montagnes..................... {
Leur nom.
Leur élévation.
Leur direction.

Vallées....................... {
Leur étendue.
Leur direction.

Étendue de la surface du Département.

Terres de toute espèce .... {
Grasses.
Bruyères et landes.
Crayeuses.
Sablonneuses.
Pierreuses.
En montagnes.
En forêts.. { Leur étendue.
Gibier qui s'y trouve.
En marais. { Leur étendue.
Insectes qui s'y trouvent.

MÉTÉOROLOGIE.

Observations météorologiques.

Indication..
- du plus haut degré
  - de froid... { époque. durée.
  - de chaud.. { époque. durée.
- des vents qui règnent le plus fréquemment. { désignation. époque. durée.
- de la quantité de pluie qui tombe dans le département (année courante). { Nombre de jours. Quantité d'eau.

Maladies habituelles dans le département.

OBSERVATIONS.

CHAPITRE II.

CHAPITRE II.

DÉPARTEMENT d TABLEAU N.° 1.er

POPULATION.

Nombre des . .
{
Individus de tout âge, de tout sexe (non compris les militaires en activité), militaires sous les armes (vivans ou présumés tels).

Mâles.

Femelles.

Hommes mariés.

Femmes mariées.

Célibataires . . . .
{
au-dessous de 30 ans. { Hommes. Femmes.

au-dessus de 30 ans. { Hommes. Femmes.
}
}

OBSERVATIONS.

Division de la Population par âges d'individus.

Désignation des âges . . . .
{
Enfans au-dessous de 5 ans.

de 5 à 10 ans.

de 10 à 15 ans.

de 15 à 20 ans.

de 20 à 30 ans.

de 30 à 40 ans.

de 40 à 50 ans.

de 50 à 60 ans.

de 60 à 70 ans.

de 70 à 80 ans.

de 80 à 90 ans.

de 90 à 100 ans.

de 101 ans et au delà.
}

OBSERVATIONS.

N

CHAPITRE II.

DÉPARTEMENT d   TABLEAU N.º 2.

POPULATION.

Comparaison des naissances, des morts et des mariages pendant
1789 ou   avec ceux de l'an

Nombre des naissances............... { de mâles.
                                      { de femelles.
                                      { d'enfans naturels.

Nombre des .... { morts (militaires non compris).
                                 { mariages.

OBSERVATIONS.

Population relative à l'étendue.

{ feux existans dans le département;
{ familles formant la population du département.

Nombre des ..... { communes } ..... { de   500 habitans et au-dessous.
                                     { de   500 à   2,000.
                                     { de   2,000 à   3,000.
                                     { de   3,000 à   5,000.
                                     { de   5,000 à 10,000.
                                     { de   10,000 à 15,000.
                                     { de   15,000 à 25,000.
                                     { de   25,000 à 40,000.
                                     { de   40,000 à 50,000.
                                     { de   50,000 et au delà.

{ maisons éparses   { servant à l'exploitation.
{ dans les campagnes. { uniquement d'agrément.

OBSERVATIONS.

CHAPITRE II.

DÉPARTEMENT d   TABLEAU N.º 3.

POPULATION.

Division de la Population par classes d'individus.

Désignation des différentes classes d'habitans.

- Nombre des propriétaires de biens-fonds, chefs de famille
- Nombre de ceux vivant uniquement du produit de leurs biens-fonds.
- Nombre de ceux vivant uniquement d'un revenu en argent.
- Nombre de ceux employés ou soldés par l'État, de quelque manière que ce soit, autres que les militaires en activité.
- Nombre d'hommes de toute espèce, vivant de leur travail, soit mécanique, soit industriel.
- Nombre de ceux qui ajoutent un travail quelconque à leur revenu ou traitement.

Manœuvres ou gens de peine............
- travaillant à la journée..... { Hommes. Femmes.
- domestiques.. { Hommes. Femmes.

Nombre des mendians..
- dans les dépôts de mendicité. { Hommes. Femmes.
- errans....... { Hommes. Femmes.

OBSERVATIONS.

N 2

CHAPITRE III.

DÉPARTEMENT d   TABLEAU N.° 1.ᵉʳ

ÉTAT DES CITOYENS.

Hospices et Établissemens de bienfaisance.

Noms des hospices et des maisons de détention dans le département.

Nombre des individus qui ont habité les hospices, &c. (au taux moyen).

Nombre des individus. . . . . { qui y sont entrés,
qui en sont sortis.
qui y sont morts.

Taux moyen de la dépense par individu.

OBSERVATIONS.

CHAPITRE III.

DÉPARTEMENT d · TABLEAU N.° 2.

ÉTAT DES CITOYENS.

Ordre judiciaire et Service militaire.

Nombre et qualification des délits qui se sont commis dans le département.

Nombre des procès . . . . {
civils.
criminels.

Nombre des jugemens définitifs, prononcés sur des { civils.
procès . . . . { criminels.

Prisons. . . . . {
Nombre total des {
individus . . . . . . {
entrés dans les prisons.
sortis des prisons.
qui y sont morts.

Nombre des individus. . . . . . . {
entrés dans le dé-
partement . . . . {
pour y travailler et en
sortir.
pour s'y établir.

sortis du dépar-
tement. . . . . . {
pour travailler et re-
venir.
pour ne pas y rentrer.

enrôlés.

sachant lire et écrire , sans y joindre
d'autres connaissances.

dont les connaissances sont élevées au
delà des premiers élémens.

OBSERVATIONS.

N 3

CHAPITRE III.

DÉPARTEMENT d ,　　　　　TABLEAU N.º 31

ÉTAT DES CITOYENS.

Colléges et Maisons d'éducation.

Noms des villes où ils sont situés.
Leurs noms.
Noms des maîtres.
Désignation du genre d'instruction.
Prix de la pension par an.

Nombre des individus qui les habitent......... { Maîtres ou répétiteurs.
Élèves.
Domestiques.

Écoles particulières.

Gratuites.................... { Villes où elles sont situées.
Noms des maîtres.
Par quel sexe fréquentées.
Désignation du genre d'instruction.

Salariées .... { Villes où elles sont situées.
Noms des maîtres.
Par quel sexe fréquentées.
Prix.. { de la pension par an.
de la demi-pension.
Désignation du genre d'instruction.

OBSERVATIONS.

CHAPITRE III.

DÉPARTEMENT d   TABLEAU N.° 4.

ÉTAT DES CITOYENS.

Estimation des Choses nécessaires à la vie.

Prix des comestibles...
- Pain, la livre.
- Viande, la livre.
- Vin, la pinte.
- Bière, la pinte.
- Sel, la livre.
- Bois de chauffage, le stère.

Sommes nécessaires à chaque individu pour son existence par jour.
- État de l'individu (médecin, homme de loi, propriétaire le plus riche, petit propriétaire, menuisier, cordonnier, &c. journalier, domestique).
- Frais de nourriture.
- Frais de logement.
- Taux moyen de la dépense par individu.
- Prix des tables d'hôte.

OBSERVATIONS.

Prix, au taux moyen, des Journées de travail.

Journaliers ....
- nourris .... à la ville.
- sans nourriture ...... à la campagne.

Gages des domestiques .. ..
- mâles.
- femelles.

Intérêt de l'argent.

OBSERVATIONS.

N 4

CHAPITRE IV.

DÉPARTEMENT d   TABLEAU N.º 1.ᵉʳ

AGRICULTURE.

Division agricole du territoire.

Nombre des charrues { chevaux............ } Total.
trainées par des..... { bœufs............. }

cultivés { par des chevaux ou bœufs.
            { à bras...... { Terres labourées.
                         { Vignes.
                         { Jardins.

Total en valeurs en tout genre, soit annuellement, soit dans une période quelconque.

Nombre d'hectares... { annuellement en jachère { des chevaux.
               dans ceux cultivés par { des bœufs.
                                 { à bras.

Total de ceux qui restent annuellement en jachère.

en prairies......... { naturelles.
                     { artificielles.

en comunaux.

en bois........... { de haute futaie.
                  { de taillis.

OBSERVATIONS.

Suite de la Division agricole du territoire.

Nombre d'hectares....
- Hautes futaies et taillis.
- En blé.
- En seigle.
- En orge.
- En avoine.
- En autres grains.
- En légumes de toute espèce.
- En jardins d'agrément.
- En plaines et montagnes incultes.
- En routes et chemins.
- En bâtimens de toute espèce.
- En eaux courantes.
- En étangs.
- En marais.

OBSERVATIONS.

CHAPITRE IV.

DÉPARTEMENT d | TABLEAU N.º 2.

AGRICULTURE.

Développement du premier Tableau. I

Produit en nature.....	des bestiaux........	Poulains.
		Veaux.
		Ânes et mulets.
		Agneaux.
		Chevreaux.
		Porcs.
		Volailles.
	des matières provenant des animaux employés à l'agriculture........	Laines, le quintal.
		Cuir, le quintal.
		Beurre, le quintal.
		Fromage, le quintal.
	des insectes et des animaux, autres que ceux employés à l'agriculture.	Miel, le quintal.
		Soie, le quintal.
		Poil de chèvre.
		Poil de lapin.

OBSERVATIONS.

Nota. On fera un second tableau, contenant l'évaluation, en argent, de tous ces objets.

CHAPITRE IV.

DÉPARTEMENT d   TABLEAU N.º 3.

AGRICULTURE.

Deuxième développement du premier Tableau.

Produit en nature par ....
- les terres labourables ....
  - en blé.
  - en seigle.
  - en avoine.
  - en orge.
  - en lin et chanvre.
  - en autres graines.
- les prairies .....
  - naturelles.
  - artificielles.
- les vignes .... en setiers.
- les bois .... en stères.
- les jardins .....
  - en légumes de toute espèce, au quintal de cent livres.
  - en fruits de toute espèce, au quintal de cent livres.
- les arbres épars ..
  - Leur nombre ...
    - dans les campagnes.
    - sur les routes.
  - en bois, en stères.
  - en fruits, au quintal.

OBSERVATIONS.

Nota, Évaluation de tous ces objets en argent.

CHAPITRE IV.

DÉPARTEMENT d   TABLEAU N.º 4.

AGRICULTURE.

Dépenses de l'Agriculture.

Denrées employées en semences................
$\begin{cases} \text{en blé.} \\ \text{en seigle.} \\ \text{en orge.} \\ \text{en avoine.} \\ \text{en chanvre.} \\ \text{en lin.} \\ \text{en autres grains.} \\ \text{Total.} \end{cases}$

OBSERVATIONS.

Nota. Tous ces objets seront évalués en argent. On évaluera de plus, 1.º les frais de moissons; 2.º les frais de culture, entretien des bâtimens, outils aratoires, bestiaux, animaux, exploitations de tout genre; 3.º les contributions de tout genre, assises directement sur les terres ou sur les exploitations, frais de perception compris.

CHAPITRE IV.

DÉPARTEMENT d   TABLEAU N.° 5.

AGRICULTURE.

Nombre des..
- chevaux.....
  - élevés dans les haras, ou chez les particuliers.
  - servant à l'agriculture.
  - où et comment employés (ceux de l'armée exceptés).
- bœufs.......
  - employés à l'agriculture.
  - veaux ou génisses trop jeunes pour travailler.
  - hors de service, destinés à l'engrais.
  - Total.
- vaches ou bœufs de tout âge.
- ânons ou mulets.
- moutons.
- porcs.
- chèvres.
- volailles.

OBSERVATIONS.

Nota. Tous ces objets seront évalués en argent, dans un tableau ordonné comme celui-ci.

CHAPITRE IV.

DÉPARTEMENT d   TABLEAU N.º 6.

Suite du N.º 5.

AGRICULTURE.

Emploi du produit.

Total général, en argent, du revenu des terres, sans distinction de leur nature, ni du genre de leur récolte, et sans aucune distinction de frais.

Évaluation du montant.......... { du total des frais de culture et de récolte des grains.
{ du total de la consommation du cultivateur, pour sa nourriture, son entretien et celui de sa famille.
{ de la portion consommée par le propriétaire et sa famille.

Estimation de la partie exportée..... { pour la France.... { Lieux de la consommation.
{ { Prix moyen.
{ pour l'étranger.... { Lieux de la consommation.
{ { Prix moyen.

Total de la valeur.

OBSERVATIONS.

CHAPITRE V.

Département d   TABLEAU N.º 1.ᵉʳ

INDUSTRIE.

Règne animal.

Matières provenant du règne animal..
{
Leur désignation. (Cuir, laine, soie, os, corne, &c.)
Leur produit brut.
Quantités fabriquées dans le département.
Quantités consommées dans le dé-partement . . . . { brutes. / fabriquées.
Quantités expor-tées . . . . {
pour la France.. { brutes. / fabriquées.
pour l'étranger.. { brutes. / fabriquées.
}

OBSERVATIONS.

Nota. Viendra ensuite l'estimation, en argent, des matières provenant du règne animal.

CHAPITRE V.

DÉPARTEMENT d TABLEAU N.° 2.

INDUSTRIE.

Règne animal.

Manufactures..

Désignation des lieux .... { où il en existait avant 1789.
où sont situées celles en activité pendant l'an

Matières qu'elles emploient pour la fabrication...
en laines .... { nationales... {Qualités}
étrangères .... {Poids.}

pour teinture: { en indigo.
en bois des îles.
en alun.
en cochenille et autres.

Leur produit.
en draps à poil, et seulement tissus. ..... { Nombre des pièces.
Largeur des pièces.
Longueur des pièces.

en draps fins. { Idem.
Idem.
Idem.

en autres étoffes. { Idem.
Idem.
Idem.

OBSERVATIONS.

Nota. On doit joindre à ce tableau l'estimation, en argent, des dépenses et du produit des draperies.

CHAPITRE V.

CHAPITRE V.

DÉPARTEMENT d   TABLEAU N.º 3.

INDUSTRIE.

Suite du Tableau relatif aux manufactures de draps. (Règne animal.)

Noms et demeures des propriétaires de draperies existantes.

Placement des draperies ....

   Consommation dans le département ......
     en draps .... { à poil, et seulement tissus. / fins.
     en autres étoffes.

   Exportation ....
     pour la France.. { en draps à poil. / en draps fins. / en autres étoffes.
     pour l'étranger. { en draps à poil. / en draps fins. / en autres étoffes.

OBSERVATIONS.

Nota. Le nombre de mètres de tous ces objets doit être exprimé, ainsi que leur estimation en argent.

O

CHAPITRE V.

DÉPARTEMENT d   TABLEAU N.° 4.

INDUSTRIE.

Règne minéral.

Matières provenant du règne minéral......
- Désignation. (Fer, cuivre, plomb, argent, &c.)
- Quantités extraites ou fabriquées dans le département.
- Quantités consommées dans le département................ { brutes. fabriquées.
- Quantités exportées .... { pour la France... { brutes. fabriquées. { pour l'étranger... { brutes. fabriquées.

OBSERVATIONS.

Nota. Toutes ces matières seront évaluées en argent.

CHAPITRE V.

DÉPARTEMENT d   TABLEAU N.° 5.

INDUSTRIE.

Établissemens et Usines pour l'exploitation du Règne végétal.

Forges et fourneaux......
- Indication des forges et fournaux en activité. Nombre d'hommes y employés.
- Matières qu'on y emploie pour la fabrication....
  - en minéral...
    - Lieux d'où on le tirait.
    - Quantité qu'on en tirait.
  - en combustibles.
    - Houille.
    - Bois.....
      - converti en charbon à brûler.
- Leur produit.
  - en 178 ...
    - en fonte.
      - moulée.
      - en gueuse.
    - en fer...
      - en barre.
      - de fenderie.
      - en autres espèces.
  - au temps présent......
    - en fonte.
      - moulée.
      - en gueuse.
    - en fer...
      - en barre.
      - de fenderie.
      - en autres espèces.

OBSERVATIONS.

Nota. On doit joindre à ce tableau l'estimation, en argent, des dépenses et du produit des forges et fourneaux.

CHAPITRE V.

DÉPARTEMENT d   TABLEAU N.° 6.

INDUSTRIE.

Suite du Tableau relatif aux forges et fourneaux. (Règne minéral.)

Noms et demeures des exploiteurs de forges et fourneaux existans.

Placement des des fontes et fer........

- Consommation dans le département ....
  - en 178 „
    - Fonte.... { moulée. / en gueuse.
    - Fer...... { en barre. / de fenderie. / autres espèces.
  - au temps présent.
    - Fonte.... { moulée. / en gueuse.
    - Fer...... { en barre. / de fenderie. / autres espèces.
- Exportation.
  - pour la France.
    - en 178 „
      - Fonte.... { moulée. / en gueuse.
      - Fer...... { en barre. / de fenderie. / autres espèces.
    - au temps présent.
      - Fonte.... { moulée. / en gueuse.
      - Fer...... { en barre. / de fenderie. / autres espèces.
  - pour l'étranger.
    - en 178 „
      - Fonte.... { moulée. / en gueuse.
      - Fer...... { en barre / de fenderie. / autres espèces.
    - au temps présent.
      - Fonte.... { moulée. / en gueuse.
      - Fer...... { en barre. / de fenderie. / autres espèces.

OBSERVATIONS.

Nota. Estimation, en argent, de tous ces objets.

CHAPITRE V.

DÉPARTEMENT d   Tableau N.° 7.

INDUSTRIE.

Règne végétal.

Matières provenant du règne végétal..
- Leur désignation. (Lin, chanvre, bois, employés aux ouvrages d'arts, &c.)
- Leur produit brut.
- Quantités fabriquées dans le département.
- Quantités consommées dans le département.......... { brutes. fabriquées.
- Quantités exportées........ { pour la France. { brutes. fabriquées. { pour l'étranger.. { brutes. fabriquées.

OBSERVATIONS.

Nota. Tous ces objets seront estimés en argent.

O 3

CHAPITRE V.

DÉPARTEMENT d   TABLEAU N.° 8.

INDUSTRIE.

Fabriques de toute espèce, pour l'exploitation du règne végétal.

Fabriques de toutes sortes d'étoffes de lin, chanvre et coton, employés, soit ensemble, soit séparément........

- Lieux de la situation de celles en activité.
- Nombre de celles existantes dans chaque commune.
- Nombre des individus employés dans chacune.

Matières employées à la fabrication....
- soit nationales.. { Lin. Chanvre.
- soit étrangères.. { Lin. Chanvre. Coton.

Leur produit...
- en toiles de lin.. { Nombre des pièces. Largeur des pièces. Longueur des pièces.
- en toiles de chanvre......... { Nombre des pièces. Largeur des pièces. Longueur des pièces.
- en toiles de coton......... { Nombre des pièces. Largeur des pièces. Longueur des pièces.
- en toiles mélangées......... { Nombre des pièces. Largeur des pièces. Longueur des pièces.

OBSERVATIONS.

Nota. L'estimation de ces objets en argent.

CHAPITRE V.

DÉPARTEMENT d   TABLEAU N.º 9.

INDUSTRIE.

Suite du Tableau relatif aux fabriques de toiles. (Règne végétal.)

Noms, et demeures des propriétaires de fabriques de toiles en activité.

Placement des toiles de toute espèce. (Par mètre.)....

- Consommation dans le département...................
  - en 178 .
    - Toiles de lin.
    - Id. de chanvre.
    - Id. mélangées.
  - au temps présent.
    - Toiles de lin.
    - Id. de chanvre.
    - Id. mélangées.
- Exportation..
  - pour la France.
    - en 178 .
      - Toiles de lin.
      - Id. de chanvre.
      - Id. mélangées.
    - au temps présent.
      - Toiles de lin.
      - Id. de chanvre.
      - Id. mélangées.
  - pour l'étranger.
    - en 178 .
      - Toiles de lin.
      - Id. de chanvre.
      - Id. mélangées.
    - au temps présent.
      - Toiles de lin.
      - Id. de chanvre.
      - Id. mélangées.

OBSERVATIONS.

Nota. L'estimation, en argent, de tous ces objets.

CHAPITRE V.

DÉPARTEMENT d TABLEAU N.° 10.

INDUSTRIE.

Comparaison des Foires et Marchés en 178. avec ceux de l'an

Marchés ....
- Désignation des lieux.
- Leur nombre.
- Leurs époques.
- Priviléges et franchises.
- Objets principaux qu'on y vend.
- Leur valeur.

Foires ....
- Désignation des lieux.
- Leur nombre.
- Leurs époques.
- Leur durée.
- Priviléges et franchises.
- Objets principaux qu'on y vend.
- Leur valeur.
- Évaluation (par aperçu) de la somme d'argent qui s'y dépense.

OBSERVATIONS.

CHAPITRE V.

DÉPARTEMENT d

TABLEAU N.º II.

ÉTAT des arts, métiers et professions, et indication du nombre des personnes qui les exercent.

NOMS des PROFESSIONS, Arts et Métiers.	NOMBRE D'HOMMES QUI LES EXERCENT.			Observations.
	MAÎTRES.	COMPAGNONS.	APPRENTIS.	
A.				
Agens de change.				
Amidoniers				
B.				
Banquiers				
&c.				

RÉSUMÉ GÉNÉRAL.

ADDITION.

ANALYSE de la Théorie élémentaire de la Statistique, de D. F. Donnant (1).

IL était essentiel de tracer la théorie d'une science qui, depuis le milieu du siècle passé, a acquis un si haut degré d'importance, qu'elle a fixé l'attention de tous les Gouvernemens. Composée d'une réunion des notions les plus diverses, d'abstractions et d'expériences de tout genre, la Statistique a besoin de règles qui puissent fixer le cadre dans lequel doivent être renfermées et classées les matières qui sont de son domaine. Ce travail, qui en apparence aurait dû précéder le perfectionnement de la science, n'a pu être entrepris, ainsi que la plupart des théories, que lorsque celle-ci

(1) Extrait du *Magasin Encyclopédique*, n.º d'avril 1805.

était déjà toute formée, et que, présentant un ensemble lié dans toutes ses parties, elle a pu être séparée d'avec les diverses autres études politiques.

Quoiqu'au premier aspect ce travail paraisse facile, il ne l'est point en effet. Non-seulement il exige des recherches multipliées et la connaissance particulière de tous les ouvrages écrits depuis plusieurs siècles sur la situation politique des États, mais encore cette force de raisonnement si nécessaire pour parvenir à des abstractions et pour peser des résultats généraux; cet esprit d'analyse, sans lequel il n'est pas possible de bien diviser et de bien classer les idées, et cette clarté des principes et des vues qu'on ne saurait trop exiger dans un ouvrage théorique. Il exige encore une espèce de pratique dans cette science, qu'on ne parvient à bien connaître qu'à force de s'occuper de ses plus petits détails, d'essayer et de construire tous les genres de calculs qu'elle emploie, et de rechercher dans les effets les plus compliqués, et souvent les plus éloignés, les causes cachées qui les ont produits.

Un publiciste allemand, le professeur Achenwall, a le premier entrepris de tracer les règles de la Statistique, en même temps qu'il a publié une description politique des principaux États d'Europe. Son exemple a été suivi depuis par M. Schlœtzer, l'un des savans les plus distingués de la célèbre université de Goettingue, et dont les nombreux écrits politiques ont exercé en Allemagne une influence marquée sur les parties les plus essentielles de l'administration. Il a mis au jour depuis peu une *Théorie de la Statistique*, destinée principalement à servir de canevas aux étudians qui suivent ses cours. M. Donnant, qui s'occupe depuis long-temps de cette science importante, nous en donne aujourd'hui le premier traité théorique écrit dans notre langue, et joint à ce mérite celui d'être resté fidèle aux principes de ses prédécesseurs, et d'avoir plus particulièrement adapté les règles qu'ils établissent à la position politique de la France, et à l'esprit du Gouvernement régénérateur auquel ses destinées sont confiées. Son ouvrage, intéressant sous beaucoup de rapports, mérite l'accueil qu'il a reçu d'un public qui ne se laisse pas surprendre par d'injustes censures, et qui sait bien que dans un premier essai de ce genre, l'on ne peut pas épuiser toute la science et atteindre d'un seul jet le plus haut degré de perfection. Nous nous permettrons, avant d'en donner l'analyse, de faire quelques observations générales et préliminaires.

On dispute depuis long-temps à la Statistique le titre de *science*. Son nom même, à entendre quelques grammairiens, devait être banni d'une langue qui est pourtant habituée à emprunter des idiomes anciens les dénominations des choses et inventions nouvelles. Il suffisait, selon eux, pour la proscrire, que cette étude nous fût venue de l'étranger, et sur-tout d'une nation qu'ils regardent avec dédain, parce que dans le siècle de Louis XIV la belle littérature y était encore dans l'enfance. Ils ne sentent pas que les sciences sont devenues l'apanage de tous les peuples policés; que, sous ce rapport, l'Europe forme une vaste république liée dans toutes ses parties par un desir général d'étendre les connaissances; et que dès-lors l'échange des lumières est tout aussi nécessaire que l'échange des produits physiques. Mais si l'ignorance et l'entêtement de quelques esprits routiniers luttent contre la vérité accompagnée de l'expérience, le triomphe de celle-ci n'en est que plus brillant, et son empire plus affermi. Rien de plus naturel que des divisions nouvelles, lorsque le domaine d'une science a acquis trop d'étendue pour pouvoir être embrassé d'un seul coup-d'œil. L'intelligence humaine s'est emparée de tout ce qui peut être atteint par les sens, et même là où ces guides fidèles l'abandonnent, son

ardent desir de savoir l'entraîne avec force
dans un monde idéal, ou ses essors ont
souvent produit les plus heureuses découvertes. Tout nous appartient aujourd'hui ;
nous avons su arracher à la nature ses
secrets les plus cachés. Le lychen méprisé,
que nous foulons sous nos pas, nous le
connaissons autant que le chêne superbe
qui ombrage nos habitations champêtres,
et nous déterminons avec la même précision la ligne courbe d'un caillou lancé par
le bras faible d'un enfant, et l'immense
orbite de tant de corps célestes, qu'une
impulsion toute puissante fait rouler depuis
des myriades d'années dans les régions in-
commensurables de l'espace. Mais il n'appartient plus aujourd'hui à un seul homme
d'embrasser, comme Aristote, toute l'étendue des connaisances de son siècle. Notre
savoir s'est tellement accru, que nous ne
verrons plus naître un second Leibnitz, qui
cultivera à-la-fois la philosophie, la jurisprudence, les mathématiques, l'histoire et

la théologie. Cependant ce qui diminue, sous ce rapport, la gloire des individus, donne plus d'éclat à celle de l'espèce. De combien ne sommes-nous pas supérieurs aux anciens par cette généralisation et cet ensemble de nos connaissances ? Ils n'avaient que des notions isolées et sans cohérence, tandis que nous avons des sciences qui tendent toutes vers un but commun, la prospérité du genre humain, et qui, liées étroitement entre elles, présentent l'ensemble le plus majestueux.

Mais à mesure que nos connaissances se sont diversifiées et étendues, le besoin de les classer et d'y établir un certain ordre s'est fait sentir; et c'est ainsi que se sont formées peu à peu une foule de nouvelles sciences, branches et rameaux multipliés d'une tige commune. Chez les anciens, les idées politiques n'avaient jamais été réunies dans un seul corps scientifique, quoique plusieurs de leurs plus grands penseurs eussent émis des systèmes par

lesquels

lesquels ils voulurent tracer les modèles
d'États bien organisés. Dans le moyen âge,
où toutes les sciences étaient couvertes de
la rouille gothique, et où les États n'étaient
que l'effet d'une force agissant au gré du
hasard, il ne pouvait point y exister de
politique. Ce n'est que depuis la renais-
sance des lettres et des arts en Italie,
depuis qu'on a vu se former des associa-
tions politiques basées sur le vrai intérêt
général, depuis que par des combinaisons
bien calculées il s'est établi des rapports
intérieurs et extérieurs chez les principaux
peuples de l'Europe, que nous voyons les
esprits méditer des préceptes et des théories
politiques, et que nous voyons peu à peu
naître une science nouvelle, qui a opéré
les changemens les plus salutaires, après
nous avoir peu à peu mené à la découverte des plus importantes vérités. Cette
doctrine, connue sous le nom de *politique*,
devait s'agrandir et s'étendre avec l'aug-
mentation des ressources et des rapports

P

des États ; et aujourd'hui elle se compose
de l'histoire politique, du droit public et
des gens, de la diplomatie, de l'économie
politique et de la Statistique. Chacune de
ces doctrines intéressantes a une théorie,
un but, des règles et des résultats particuliers. Ainsi séparées les unes d'avec les
autres, leur étude est singulièrement faci-
litée, et avec leur aide il est possible aux
gouvernans, non-seulement de connaître
dans tous ses détails la machine compli-
quée qu'ils doivent mettre en mouvement,
mais encore de la perfectionner et d'en
assurer la consistance et la durée.

La Statistique, qui est *la science qui traite
de la nature et des forces politiques des États*,
n'est point nouvelle quant à son existence,
mais seulement quant à sa forme scientifique. Dans tous les temps les Gouvernemens de peuples policés avaient eu besoin
de connaître au juste leurs ressources ; car
sans cette connaissance il ne pouvait y avoir
dans l'État ni ordre, ni administration. Le

dénombrement de la population , le recen-
sement des terres et des bestiaux, l'évaluation du produit des impôts et des revenus,
et la confection de tableaux sur les productions physiques et industrielles, étaient
en usage chez les Égyptiens, les Perses,
les Grecs, les Carthaginois et les Romains.
Ces derniers sur-tout avaient apporté dans
l'administration du plus immense empire
des soins de tout genre ; l'arithmétique politique ne leur était pas inconnue ; les listes
des censeurs, dès les premiers temps de la
république, étaient dressées d'après ces
principes. L'état des naissances et des décès
résultait des dyptiques tenus par les prêtres
des temples de Junon-Lucine et de Vénus-
Libitina , et dans la suite les empereurs
avaient chargé des employés particuliers
(*tabellarii*) de tenir les registres de population à la campagne.

Plusieurs lois de la Compilation du droit
romain , et notamment celle 68 , *ff. ad*
legem falcid., contiennent des preuves non

équivoques d'excellens calculs politiques.
Une foule d'autres ordonnances et édits
nous démontrent combien était grande
l'attention que ces princes vouaient à toutes
les parties de l'administration, et principalement aux moyens d'avoir toujours
sous les yeux des états de situation des
nombreuses provinces soumises à l'aigle
romaine.

Il en est de même des préceptes de
l'économie politique, dont les plus importans étaient déjà connus des peuples les
plus anciens. Mais les rapports tant intérieurs qu'extérieurs de ces peuples n'ayant
jamais été si compliqués que ceux des États
d'aujourd'hui, ils n'étaient de beaucoup
près aussi intéressés que nous à étendre ces
doctrines, à les élaborer et à les mettre en
pratique.

Il est nécessaire de séparer la Statistique
d'avec deux sciences, la *géographie* et l'*économie politique;* elle avait été long-temps
confondue avec la première, et l'on paraît

aujourd'hui vouloir la confondre avec l'autre. Jusqu'à nos jours, les traités de géographie étaient en même temps des traités de Statistique, parce que cette dernière étude n'avait point été assez étendue pour pouvoir former une science à part. Mais le but principal de la géographie n'étant pas la description politique des pays, mais celle purement physique, il était essentiel d'en séparer la Statistique, pour empêcher que cette première ne devînt un mélange colossal des notions les plus hétérogènes. D'ailleurs, les livres élémentaires de géographie pourront toujours contenir en même temps les principales données de la Statistique, afin de présenter à l'enseignement une masse d'idées plus agréablement variée. La Statistique, d'un autre côté, sera obligée d'emprunter de la géographie tout ce qui, dans l'état physique d'un pays, est d'une importance politique. Il est tout aussi facile d'établir les limites qui existent entre l'économie politique et la Statistique. Si la première enseigne par quels moyens on peut parvenir à élever un État au plus haut degré de vraie prospérité, la seconde nous montre l'art d'examiner les États tels qu'ils sont, d'en présenter un tableau exact, et de tirer de son examen des inductions, que l'économie politique doit ensuite appliquer. Toutes les deux forment la plus belle apologie des opérations d'un bon Gouvernement, l'une, lorsqu'elle nous fait apercevoir la concordance qui existe entre ces opérations et les préceptes qu'elle donne, l'autre en nous offrant des résultats qui entraînent après eux la conviction des sages dispositions par lesquelles ils ont été produits.

Les objets dont la Statistique s'occupe dans l'examen d'un État, et qui doivent tous avoir un certain degré d'importance politique, peuvent être rangés sous trois grandes rubriques :

1.º Matières fondamentales dont l'État se compose *(les hommes et le pays)* ;

2.º Liaison de ces matières *(forme poli-*
tique de l'État) ;

3.º Mode de leur emploi pour atteindre
les divers buts politiques *(administration,*
relations, intérêts, &c.).

En commençant par l'examen du pays,
on fait attention à sa grandeur, à son extension, et sur-tout à sa position géographique, à son climat, sa nature et son
sol, et à ses frontières, qui constituent les
relations commerciales et politiques. Les
hommes sont à considérer par rapport à
leur nombre et par rapport à leurs qualités
tant physiques que morales.

Cette dernière considération est la plus
importante ; elle nous donne la valeur
politique des hommes, laquelle peut être
envisagée sous trois rapports différens :

1.º *Sous le rapport militaire :* ici la proportion la plus juste, qui ne devrait pas
être dépassée, est que, sur cent à cent
deux têtes, on peut prendre deux soldats.
Sur cent individus, on compte, d'après le

terme moyen en Europe, quarante-huit mâles, dont dix en état de porter les armes.

2.º *Sous le rapport économique :* le terme moyen du produit du travail des hommes, en Europe, est que chacun peut nourrir par son travail trois personnes adultes, lui-même y compris.

3.º *Sous le rapport financier :* on examine ici sur quel somme l'État peut compter auprès de chaque individu. D'après la proportion moyenne, les Gouvernemens peuvent envisager chacun de leurs sujets comme un capital ambulant de 400 francs.

Quant au dénombrement des hommes, les moyens pour y parvenir sont ou indirects, comme les rôles de certaines contributions qui frappent tous les habitans, les calculs par feux, lieues carrées, &c., ou directs, qui consistent dans les listes faites et tenues par ordre du Gouvernement, et dont le but principal est de s'assurer de l'état de la population. Les registres des églises en usage en France avant la révolution, le sont encore dans tous les autres États chrétiens de l'Europe; ils sont d'une origine assez moderne. Le synode de Séez les introduisit en France en 1524 : ils le furent en Angleterre, sous Henri VIII, en 1537. Aujourd'hui on les a beaucoup perfectionnés, et ceux de la Suède et de la Prusse passent pour être les meilleurs. Mais les registres de l'état civil, établis en France depuis 1792, et tenus par des officiers civils, sont supérieurs à tous les autres modes, et rendent possibles les dénombremens les plus rapides et les plus généraux.

Les résultats tirés de ces registres forment la base de l'arithmétique politique sur laquelle John Graunt, major des milices de Londres, mort en 1672, nous a donné le premier traité sous le titre *Natural and political observations made on the Bills of mortality*, imprimé à Londres en 1665. Plusieurs écrivains anglais se sont occupés, dans les mêmes temps, de ces sortes de calculs,

pour les appliquer au système des finances
et du commerce de leur pays. On trouve,
dans les Mémoires de l'Académie des sciences,
depuis l'année 1725 jusqu'en 1730, d'excellentes dissertations sur cette matière
importante. Dans la suite, un savant allemand, Sussmilch, a publié à Berlin en
1741, sous le titre *de l'Ordre divin dans les*
mutations du genre humain, l'ouvrage le plus
étendu et le plus riche en observations que
nous ayons, sur l'arithmétique politique :
ouvrage dont on a fait successivement cinq
éditions, et dont le rédacteur des intéres-
santes *Annales de Statistique* nous a donné
un extrait succinct.

Une foule d'auteurs, et nommément Du-
séjour, Moheau, Pfeffel, Condorcet, Ker-
seboom, Delaplace, Duvillard, Muret, &c.
ont depuis écrit sur le même sujet : c'est
ainsi qu'on est parvenu à faire les découvertes les plus importantes sur les rapports
qui existent entre les naissances et les décès,
les nouveaux-nés et les vivans, le nombre

des individus de chaque sexe et celui des mariages, la mortalité et les divers âges de la vie.

Dans l'examen des qualités des hommes, la Statistique considère sur-tout quelle est leur constitution physique et morale, leur frugalité et leur amour du travail et de l'industrie, quels sont leurs usages et leurs mœurs et à quel point ils sont éclairés. De là elle passe aux productions tant physiques qu'industrielles, et à l'état du commerce; ensuite elle s'arrête au Gouvernement, à la division des divers emplois et fonctions, et aux principes généraux qui le dirigent; puis, elle présente le tableau de toutes les parties de l'administration, et finit par celui des relations et des intérêts politiques de l'État dont elle a fait la description.

Le *Traité théorique* de M. Donnant est précédé d'une introduction, dans laquelle l'auteur démontre l'utilité de la Statistique en général, cite les différentes définitions qui en ont été données, et fait l'énumération

des diverses études avec lesquelles elle a
des rapports, mais qui ne doivent point
être confondues avec elle. Ces idées sont
développées plus au long dans le traité
même. L'auteur commence par défendre la
Statistique contre tous ceux qui refusent
de la reconnaître comme une science dis-
tincte : il réfute victorieusement leurs objections, et prouve qu'on doit regarder cette
étude comme une des plus utiles parmi
celles qui ont fait depuis quelque temps
des progrès si brillans et si rapides chez
les diverses nations de l'Europe. Il parle
ensuite des secours que la Statistique emprunte de l'arithmétique politique, de
l'origine de cette dernière, des auteurs qui
s'en sont occupés, et de quelques-uns des
principaux résultats que ces calculs ont produits. Les ouvrages de William Petty, ins-
pecteur général d'Irlande, sous Jacques II,
et mort en 1687, méritent d'être spéciale-
ment cités. Cet Anglais, qui unissait à des
connaissances universelles une infatigable

activité d'esprit, publia, en 1667, son intéressant *Traité des Taxes et des Contributions*, dans lequel il se sert des calculs de population pour mettre ses idées en évidence. Cet ouvrage fut suivi par une série de dissertations qui ont été recueillies et publiées sous le titre d'*Essais d'arithmétique-politique*, et par une foule d'autres traités non moins importans (1).

---

(1) Ce William Petty ne doit pas être confondu avec deux de ses compatriotes avec lesquels il l'a souvent été. Le premier, William Petyt d'Innertemple, a écrit un Traité intitulé : *The ancient Right of the commons of England asserted, or a discourse proving by records and the best historians that the commons of England were ever an essential part of the government. London, 1680 ;* traduit en français sous le titre : *Défense des droits des Communes d'Angleterre.* Les *Miscellanea parliamentaria*, imprimés à Londres dans la même année, sont aussi de lui. Le second, John Pettus, s'est fait connaître par un ouvrage sur les Constitutions du parlement, et par plusieurs Traités sur les mines d'Angleterre. William Petty a écrit, outre les Traités sus-mentionnés, beaucoup d'autres, dont les plus remarquables sont : le *Traité de la proportion double*, l'*Anatomie politique de l'Irlande*; le *Verbum Sapienti*; *Britannia languens*, &c.

Le savant Hermann Conring, son contemporain, a fait usage de ces calculs dans plusieurs de ses ouvrages politiques ; et depuis, l'astronome Halley et sir Charles d'Avenant ont beaucoup étendu le domaine de cette science (1).

En France, M. de Vauban, par son ouvrage intitulé : *Dixme royale*, publié en 1703, avait fixé l'attention publique sur l'importance des dénombremens et des calculs politiques. On peut regarder les états faits par les intendans des provinces pour l'instruction du duc de Bourgogne, comme l'origine de la Statistique dans ce pays.

Connue déjà, dans le milieu du dix-

---

(1) Le premier, par ses *Tables for shewing the value of annuities for lives*. London, 1686 ; et le second, principalement par son *Discourse on the public revenues and on the trade of England*. London, 1698 ; et son *Essay upon the probable method of making a people gainers in the ballance of trade*. London, 1677. Ces deux ouvrages se trouvent dans la Collection des Œuvres politiques de cet auteur, faite par Charles Whitworth. Londres, 1771. 5 vol. *in-8.°*

septième siècle, en Allemagne, par les
écrits de Conring, qui inventa la dénomi-
nation de *Statistique*, le grand Frédéric
l'introduisit, le siècle suivant, dans l'administration de ses États; et c'est de là que
date le goût que tous les Gouvernemens
éclairés en ont pris depuis.

Après avoir donné l'étymologie du mot
Statistique, et prouvé que les auteurs qui le
dérivent du mot latin *statera* [balance] se
sont trompés, l'auteur trace la ligne de dé-
marcation qui existe entre la Statistique et
la géographie, et démontre clairement que
les compilateurs des géographies ont tort
de revendiquer pour cette étude, qui ne
s'occupe que de la description de l'état
physique d'un pays, tout ce qui tient à
l'organisation politique des hommes qui
l'habitent. Il divise la Statistique, 1.° en
politique ou *analytique*, qui offre les tableaux
généraux et comparatifs des États d'une
partie du monde; 2.° en *spéciale* ou *particulière*, qui comprend les recherches sur

l'état d'un seul pays; 3.° en Statistique *intérieure*, qui s'occupe du détail de chaque division d'un pays en particulier. Peut-être pourrait-on plutôt désigner la première division par le nom de *Statistique générale*, au lieu de la nommer *politique* ou *analytique*, en ce que toute description statistique, tant générale que particulière d'un pays, est à-la-fois et *politique*, quant au point de vue sous lequel elle envisage ses ressources et ses rapports, et *analytique*, quant à la méthode dans les recherches et la marche des examens qui doivent mener aux résultats généraux. La Statistique spéciale comprend proprement l'intérieure, qui en est une simple sous-division.

L'exposé de cette division est suivi par les tableaux des matières qui appartiennent à chaque branche de la Statistique. Ces tableaux, que l'auteur compose de classes, dans lesquelles doivent être rangés les objets de même nature, sont très-complets, et réunissent tous les points dont la connaissance

connaissance est d'une certaine importance
dans l'État. Le cadre de la Statistique intérieure sur-tout présente la plus grande
abondance des matériaux ; mais il est à
craindre qu'on ne parvienne jamais à se
procurer les renseignemens exacts sur un
grand nombre de ces articles. En effet,
comment déterminer la situation du commerce interlope, les émolumens des différentes professions, le bénéfice que présentent le commerce, les arts et les métiers, le
restant du produit net du cultivateur, &c. ?
D'autres objets renfermés dans ces cadres
sont peut-être propres à figurer plutôt sur
les états de situation destinés aux différens
ministères, que sur des tableaux de Statistique. Cette étude s'occupe à la vérité de
faire l'inventaire d'un État; mais elle n'y
porte que les choses qui sont d'une importance politique reconnue ; une foule
d'autres, bien que l'administrateur soit in-
téressé à les connaître au juste, ne sont
point du ressort de la Statistique.

Q

L'auteur prouve ensuite qu'elle est une science nouvelle, qui n'a que cinquante ans d'existence, et qu'elle mérite le rang que les statisticiens lui ont assigné parmi les autres sciences (1). Il dépeint après, avec les couleurs les plus vives, les avantages que les individus retirent de cette étude, et l'influence qu'elle exerce sur la prospérité des États, et termine son traité par un coup-d'œil rapide sur les principaux auteurs qui ont cultivé avec succès la Statistique. Il convient de nommer d'abord les

---

(1) Nous ne pouvons nous dispenser ici de citer l'intéressant discours sur la Statistique, que le célèbre publiciste M. Koch, actuellement membre du Tribunat, a prononcé à la séance publique de l'académie de législation du 1.er pluviôse de l'an 11, et dans lequel il a tracé un tableau succinct de l'origine et des progrès de cette étude; et d'observer que ce savant distingué a donné les premiers cours de Statistique en France, en sa qualité de professeur de droit public à l'université de Strasbourg, connue de tout temps pour les excellentes études en droit, politique et diplomatie qu'y faisait la nombreuse jeunesse qui s'y rassemblait de toutes les parties de l'Europe.

écrivains des seizième et dix-septième siècles qui nous ont donné des descriptions
des États européens, tels que les Italiens
Sansovino (1) et Botero (2), et Pierre
d'Avity, gentilhomme de la chambre de
Louis XIII (3). La première description détaillée de la France est due à Limnæus (4),
professeur de Strasbourg, du dix-septième
siècle, et la publication, depuis 1620,
des descriptions politiques des États, sous
le titre de *républiques*, aux Elzevirs, fameux imprimeurs d'Amsterdam. Le savant
Conring introduisit l'étude de la Statistique dans l'université d'Helmstett, et son
exemple fut suivi dans presque toutes les
universités allemandes. Depuis Achenwall,
qui a composé le premier traité théorique

---

(1) *Del governo ed amministrazione dei diversi regni e
republiche. Venezia , 1562.*

(2) *Relazioni universali. Vicenza, 1595.*

(3) Des États, Empires et Principautés du monde.
Paris, 1616.

(4) *Notitia regni Franciæ , 1655 ;* 2 vol. in-4.°

sur la Statistique, un grand nombre de
savans de la même nation, et notamment
MM. Toze, Meusel, Gatterer et Schlœtzer,
en ont donné des livres élémentaires; et
ces efforts, pour créer de bonnes théories,
prouvent suffisamment que les Allemands,
loin de se contenter des calculs secs et des
notices détachées de cette étude, y ont au
contraire apporté la pensée et le raisonnement. Nous ajouterons à la liste des statisticiens cités par l'auteur, le professeur
Grellmann, pour l'Allemagne (1); Entick;
Wendeborn et Baert, pour l'Angleterre;
M. Bourgoing, pour l'Espagne, et Catteau
pour la Suède.

---

(1) La mort vient d'enlever aux sciences cet estimable savant, à la fleur de l'âge. Après avoir occupé
avec distinction une chaire d'histoire moderne et de
Statistique à l'université de Gœttingue, il s'était rendu
à Moscow, où l'empereur de Russie l'avait appelé pour
y professer les mêmes sciences, et là il mourut dès le
premier mois de son arrivée. Ses ouvrages de Statistique sur l'Allemagne sont ce qu'il y a de mieux sur ce
pays.

La diction de M. Donnant est simple et claire : ses idées sont exposées avec précision, et mises à la portée de tout le monde. Son ouvrage réunit en général toutes les qualités propres à réveiller chez nous le goût de la Statistique et des autres études politiques qui méritent, sous tant de rapports, d'être relevées de la décadence dans laquelle elles sont tombées depuis le commencement de la révolution.

J. G. D. ARNÔLD.

TABLE DES CHAPÎTRES.

CHAPITRE VII.

CHAPITRE VIII.

IMPRIMÉ

Par les soins, de J. J. MARCEL, Directeur
général de l'Imprimerie impériale, Membre
de la Légion d'honneur.